Tobias Schuhwerk

Nüüf*

* Hinauf

Was ist wirklich wichtig im Leben?
Älpler Patrick geht seinen Weg.

Tobias Schuhwerk

Nüüf*

*Hinauf

Ein Sommer auf einer
abgeschiedenen Alpe
im Allgäuer Hochgebirge

EIGENVERLAG
Tobias Schuhwerk
Kempten

Nachweis der Farbbilder im 16-seitigen Innenteil:
S. 1 oben: Jasmin Pommer, S. 1 unten: Tobias Schuhwerk, S. 2, 3: Ralf Lienert,
S. 4 oben: Bettina Kurrle, S. 4 unten: Jasmin Pommer,
S. 5 oben: Tobias Schuhwerk, S. 5 unten: Ralf Lienert, S. 6: Henry M. Linder,
S. 7: Jasmin Pommer, S. 8/9: Tobias Schuhwerk, S. 10: Jasmin Pommer,
S. 11 oben: Tobias Schuhwerk, S. 11 unten: Jürgen Gschwender,
S. 12 oben: Paula Huber, S. 12 unten: Tobias Schuhwerk, S. 13: Henry M. Linder,
S. 14,15: Jürgen Gschwender, S. 16: Tobias Schuhwerk

1. Auflage im September 2023

Titelfotos: Ralf Lienert, Jasmin Pommer
Lektorat: Peter Luley, Felix Meininghaus
Umschlaggestaltung, Layout, Satz: AZ Marketing und Service GmbH
Marco Finsterwalder / Elisa Blenk
Druck und Bindung: AZ Druck und Datentechnik GmbH
ISBN: 978-3-00-075217-9

Für Linda und Josef

Inhalt

1. Intro

Am Anfang stand das Gefühl, die Welt umarmen zu müssen. Jetzt. Sofort. Aber dazu reichten die Arme leider nicht aus. Stattdessen reifte ein anderer Entschluss: Ein Buch zu schreiben über den Ort, der just in diesem Augenblick mein Herz höherschlagen ließ. Es war der Gipfel des Schmalhorns, 1.952 Meter hoch gelegen, in den Allgäuer Hochalpen. Einer der höchsten Weidepunkte der Einödsberg-Alpe, die ich an einem wunderschönen Augusttag für eine Reportage für die Augsburger Allgemeine/Allgäuer Zeitung über Leben und Arbeit auf einer der insgesamt über 700 Alpen im Allgäu besuchte.

Blauer Himmel. Mittagsstille. Sonnenschein. Sanft verbreitete der Sommerwind das leise Bimmeln der Kuhschellen. Die Zeit schien still zu stehen, und es gab keinen Grund, es ihr nicht gleichzutun. Ich staunte über die atemraubende Aussicht auf die umliegenden Gipfel. Trettach, Mädelegabel, Hochvogel, Ifen oder Höfats: Ihre grün bewachsenen Steilhänge wirkten auf magische Weise zum Greifen nah. Was für ein beeindruckendes Panorama!

Plötzlich stand Roman neben mir. Seine Ankunft war mir gar nicht aufgefallen. Der Kleinhirte mit dem karierten

Hemd, der Adlerfeder am Filzhut und dem Fernglas um den Hals bewegte sich lautlos und behände wie eine Gams im Gebirge. Vom Grat aus überblickte er die ihm anvertraute Herde. Der damalige Schüler, der die Ferien auf der Einödsberg-Alpe verbrachte, um Älpler Patrick Schuster zur Hand zu gehen, erkannte jedes Rind am Klang seiner Schelle. Und die Rinder erkannten ihn. Wenn er die Hand ausstreckte, beschnupperten sie ihn zutraulich. Es war sein dritter Alpsommer auf der Einödsberg-Alpe, die in vielerlei Hinsicht eine Besonderheit darstellt. Weder Seilbahn noch eine Straße führen dort hinauf. Es gibt noch nicht einmal einen beschilderten Weg. Die Alpe liegt mitten im Gebiet der Naturschutzstiftung Allgäuer Hochalpen, etwa drei bis vier Stunden Fußweg von Oberstdorf entfernt. Sie zählt zu den höchstgelegenen und ältesten in der Region. Vor 540 Jahren fand sie erstmals urkundlich Erwähnung. Zugleich zählen ihre Alphänge zu den steilsten ihrer Art in Deutschland.

Die Einödsberg-Alpe umfasst 100 Hektar Lichtweide, was ungefähr 140 Fußballfeldern entspricht, die mit einem erstaunlichen Tier- und Pflanzenreichtum gesegnet sind. Über 1.200 Arten leben hier, wie wissenschaftliche Untersuchungen ergaben. Rund um den Einödsberg ranken sich Sagen, Legenden, aber auch Tragödien.

Seine abgeschiedene Lage macht diesen Flecken Erde bis heute besonders. Auch für Roman. Seine Familie stammt aus Tiefenbach bei Oberstdorf. Schon sein Großvater und sein Vater verbrachten als Hirten viele Sommer auf Oberallgäuer Alpen.

Roman redet nicht viel. Aber wenn er etwas sagt, dann bringt er die Dinge auf den Punkt. Ein waschechter Allgäuer. Jetzt stand er neben mir und wir wechselten ein paar Worte. Sie drehten sich ums Wetter und die Frage, was ihn antreibt, seine Ferien als Hirte auf einer abgeschiedenen Alpe zu verbringen, statt mit Gleichaltrigen am See zu liegen oder mit dem Zug nach London, Paris oder wenigstens nach München zu fahren. Er lächelte kurz, als ob ihn die Frage amüsierte, und sagte dann einen Satz, der ziemlich weise klang für einen 14-Jährigen. „I brüüch des Chaos da unda it."

Noch Wochen später, längst zurück in der Redaktion und wieder angekommen in den Niederungen des Alltags, dachte ich über seinen Satz nach und musste schmunzeln. Ja, hier unten war tatsächlich mal wieder Chaos. Ein Mordfall in Kempten sorgte für Schlagzeilen, das Allgäu stritt leidenschaftlich darüber, ob es zu viel oder zu wenig Touristen beherbergt, eines unserer Kinder hatte Fieber, und ausgerechnet jetzt hatte mein Handy den Geist aufgegeben …

Aber wie sieht es auf der Einödsberg-Alpe aus, fragte ich mich. Ist dort oben alles besser? Oder projizieren wir Talmenschen nicht allzu oft romantische Klischees in das Leben „im Berg", wie es im Oberallgäu heißt, die mit der dortigen Arbeit und Wirklichkeit wenig bis gar nichts zu tun haben? Was bedeutet es für Hirten und Tiere, wenn aus heiterem Himmel ein heftiges Gewitter über die Berggipfel fegt? Ist Abgeschiedenheit dann immer noch erstrebenswert? Und wie ist das eigentlich mit der jahrhundertealten Geschichte der Alpwirtschaft in unserer Region: Welche Spuren hat sie in der Allgäuer Landschaft hinterlassen? Wie wichtig sind ihre Bräuche und ihre Geschichte für die junge Generation? Vor welchen Veränderungen steht die Alpwirtschaft im Zuge des Klimawandels und der zunehmenden Technologisierung der Landwirtschaft? Hat sie überhaupt eine Zukunft?

Der Mythos Alpwirtschaft ließ mich nicht mehr los. Ich las Bücher und Chroniken, befragte Zeitzeuginnen und Zeitzeugen, besuchte Archive und Experten und rief irgendwann

Dem Mythos Alpwirtschaft erlegen: Älpler Patrick ist Pächter der Einödsberg-Alpe. Foto: Ralf Lienert

im Winter den verblüfften Alphirten Patrick an, der zugleich Pächter der Einödsberg-Alpe ist. Ich eröffnete ihm die Idee, ihn einen Alpsommer lang so oft wie möglich zu besuchen, um darüber ein Buch zu schreiben.

Zunächst hielt er das Ganze für einen Witz. Und da er selbst über jede Menge Humor verfügt, lachte er laut. Als ich ihm erklärte, dass das Ganze durchaus ernst gemeint sei, grübelte er eine Weile, und ich konnte mir bildlich vorstellen, wie er am anderen Ende der Leitung mit der rechten Hand gedankenversunken durch seinen Vollbart strich. Schließlich sagte er zu. Aber nur unter einer Bedingung: dass es nicht nur um ihn gehen solle, sondern um die Alpwirtschaft im Ganzen. Um ihre Wurzeln und ihre Tradition. Und darum, dass sie nicht – wie viele vielleicht meinen – erfunden wurde, damit zigtausende Urlauber beim Viehscheid im Herbst eine „Kuhshow“ (O-Ton einer Touristin) erleben können.

Ich versprach es ihm.

„Dann seachet mir ies, wenn’s nüüf goht“, sagte Patrick.

Das klang gut. Nach Abenteuer.

Nüüf.

Genauso soll das Buch heißen, dachte ich mir.

Was ich zu diesem Zeitpunkt noch nicht wusste: Bis zu seinem Erscheinen würden turbulente Monate vergehen.

Es ist angerichtet: Die Rinder genießen den Aufenthalt auf der Einödsberg-Alpe. Foto: Ralf Lienert

2. „Gemma! Gemma!"

Nachts sind alle Kühe grau. Es ist 4.30 Uhr am ersten Juni-Samstag 2022. Noch liegt Oberstdorf im Schlaf. Doch ein paar Kilometer weiter, auf einem Kiesweg am Ende des Stillachtals, versammeln sich zehn Gestalten in der Dunkelheit. Nur die Sterne und der Mond spenden ihnen ein wenig Licht. Noch ist die Nacht stärker als der Tag und der Frühling stärker als der Sommer. Sechs Grad zeigt das Thermometer. Oben auf den Gipfeln von Hochfrottspitze, Mädelegabel und Trettach liegt noch Schnee. Dennoch tragen die Gestalten kurze Hosen, Hemd oder T-Shirt. Bald wird ihnen warm werden. Das wissen sie aus Erfahrung. Noch halten sie einen kleinen Ratsch, scharren mit den Spitzen ihrer Bergschuhe im Kies und stützen sich auf ihre Stöcke. Dann nähert sich der Mann, auf den an diesem Tag alle hören: Patrick Schuster, Vollbart, grün-blaue Augen, stramme Waden, ist der Hirte von der Einödsberg-Alpe. Der 35-Jährige zählt kurz durch die Reihen, nickt zufrieden mit dem Kopf und gibt mit einem Wink das Signal zum Aufbruch: „Lemmas laufa", sagt er. „Gemma nüüf."

Nüüf: Für den gebürtigen Tiefenbacher Patrick ist es eines der wichtigsten Wörter im alemannisch geprägten Dialekt seiner Heimatgemeinde, der bei Richtungsangaben fein differenziert. Ein Oberstdorfer fährt nach Füssen „numm", nach Kempten „naa", nach München „ning", aber er oder sie läuft auf den Berg „nüüf". Und dort oben, auf den Gipfeln der Allgäuer Hochalpen, ist es für ihn immer noch am schönsten!

Mit dem Alpauftrieb beginnt der 15. Alpsommer für Patrick Schuster als allein verantwortlicher Älpler oder Almhirte, wie es außerhalb des Allgäus meist heißt, auf der Einödsberg-Alpe. Dann dreht sich für ihn alles um die ihm anvertrauten Tiere: 116 Jungrinder und Kälber von sieben Bauern aus dem Ostallgäu nimmt er mit in die Höhe. Dazu kommen 24 Schafe aus eigener Zucht, liebevoll auch Rasenmäher genannt, sechs Ziegen und sechs Hennen. Die Einödsberg-Alpe ist keine Hütte zur Einkehr, sondern wird als sogenannte Galtalpe geführt. Für weibliches Jungvieh, das noch keine Milch gibt.

Wochenlang hat der Zimmerer und Nebenerwerbslandwirt Patrick dem Auftrieb entgegengefiebert. Jetzt klettern er und seine Helfer voller Tatendrang über den Stacheldrahtzaun der angrenzenden Weide – und sorgen mit schneidigen Weckrufen („hopp, hopp") für ordentliches Getümmel. Ein Rind nach dem anderen erhebt sich aus dem Schutz von Bäumen und Sträuchern der Vorweide, auf der die Tiere bereits seit einer Woche zur Eingewöhnung stehen. In der Dunkelheit sind sie kaum auseinanderzuhalten. Nur das Geläut verrät Unterschiede. Patrick kennt den Klang der Weideschellen genau. Über Jahre hinweg hat er sie selbst bei Schellenschmieden im benachbarten Bad Hindelang sowie in der Schweiz ausgewählt und gekauft. Eine handgefertigte Schelle hat ihren Preis. Sie kostet zwischen 100 und 400 Euro. Patrick ist stolz auf jede einzelne. Wie so viele Älplerinnen und Älpler im Allgäu hält er diese Tradition in Ehren und verteidigt sie vehement gegen den Zeitgeist. Längst gibt es Trackingsysteme auf

GPS-Basis, bei denen der Hirte sein Vieh mit Transpondern ausstattet und mittels Smartphone selbst an entlegenen Stellen orten kann. Das Prinzip funktioniert ähnlich wie ein Navi im Auto und garantiert ein „modernes Herdenmanagement", wie ein Hersteller schreibt.

Im Allgäu ticken die Uhren zum Glück anders. Statt Transpondern hat Patrick den Schumpen, wie Allgäuer Bauern das Jungvieh oft nennen, braune Lederriemen um den Hals gebunden, an deren unteren Enden die kleinen Weideschellen baumeln und bimmeln.

Dafür ist er eine Woche vor dem Alpauftrieb auf die Höfe „seiner" sieben Bauern gefahren, die ihm in diesem Sommer ihr Jungvieh anvertrauen. Er nahm jedes Rind in Augenschein, vergewisserte sich, dass es gesund und kräftig genug ist für die Sommerfrische im Gebirge, ehe er es mit einer Schelle ausstattete. Manche klingen hoch und hell, andere ein wenig dumpfer und tiefer. Je nach Bewegung der Tiere schlagen die einen behäbig im Trott-Rhythmus, andere schnell und flott, als ob ein besonders motivierter Musiker einen Schellenbaum schlägt. Zusammen ergeben sie eine tierische Sinfonie, die sich über dem Rauschen des nahegelegenen Rappenalpbaches erhebt. Beim Alpauftrieb findet jedes Tier schnell seinen Platz. Vorne, angeführt vom früheren Kleinhirten Roman, marschieren die Zugtiere. Das sind jene Rinder, die bereits einen Sommer auf der Alpe verbrachten und das Gelände kennen. Sie machen etwa ein Drittel aller Tiere aus. „Die würden den Weg nach oben auch allein finden", sagt Patrick über ihr erstaunliches Orientierungsvermögen. Danach folgen die Neulinge, die zur ihrer ersten Bergtour aufbrechen. Je nach Alter, Konstitution und Geschick fordert sie die Aufgabe mehr oder weniger. „Das ist wie beim Menschen. Die einen checken's sofort. Die anderen bringen dich zum Verzweifeln", sagt Patrick. Zusammen mit den anderen Treibern, allesamt Spezln mit Alp-Erfahrung, feuert er die träge Masse an: „Gemma! Gemma!"

Knapp zwei Stunden und eine Pause später nähert sich der Tross in der aufgehenden Sonne seinem Ziel: der 1.555 Meter hoch gelegenen Hinteren Einödsberg-Alpe, umgeben von den steilen Gipfeln des Allgäuer Hochkamms. Die Hintere Einödsberg-Alpe ist das Basislager für Patrick. In der Stube der Hütte gibt es genug Platz für Gäste, einen gut gefüllten Keller, Dusche, Brunnen und gleich nebenan einen Kälberstall für die jüngsten Tiere. Im Lauf des Sommers wird er diese Station allerdings verlassen, um mit dem Vieh in Richtung der höher gelegenen Grathütte zu ziehen. Sie befindet sich auf 1.950 Metern am Steilhang des Schmalhorns und ist im Vergleich zum Basislager nur äußerst spärlich eingerichtet.

Doch jetzt schnaufen alle erst einmal erleichtert durch: Die erste Etappe ist geschafft. Bevor die Tiere ihren Platz auf der nach einem schneereichen Winter noch sumpfigen Weide rund um die Hütte ansteuern, werden sie von Kleinhirtin Paula persönlich in Empfang genommen. Die 14-jährige Schülerin mit dem blonden Pferdeschwanz tunkt einen Büschel Nadelbaum-Zweige, im Allgäu Daas genannt, in eine Schüssel mit Weihwasser. Es stammt aus der Pfarrkirche St. Barbara in Oberstdorf-Tiefenbach, der Heimat von Patrick. Paula besprengt einem alten Brauch folgend jedes einzelne Tier mit dem Segenszeichen – in der Hoffnung auf einen verletzungsfreien Alpsommer ohne Schrecken und Unglück.

Insgesamt sömmern in diesem Jahr 30.500 Rinder, 400 Schafe, 280 Pferde und 200 Ziegen nach Angaben des Alpwirtschaftlichen Vereins Allgäu (AVA) in den Allgäuer Bergen. Speziell für die Jungrinder bringt der Alpaufenthalt eine Reihe von Vorteilen, wie AVA-Geschäftsführer Dr. Michael Honisch erklärt. „Sie kommen gesünder wieder ins Tal. Be-

Der Alpauftrieb ist geschafft: Hirten und Treiber greifen beim Frühstück auf der Hinteren Einödsberg-Alpe zu.

wegung, Licht, Bergkräuter: All das wirkt sich positiv auf ihre Entwicklung aus." Zudem würden die Bauern im Tal entlastet, wenn sie ihre Tiere einem Hirten anvertrauen – und sie sparen obendrein Futter. Auch die Natur profitiere von der Alpwirtschaft in den Allgäuer Bergen: Alpflächen beherbergten eine erstaunliche Vielzahl von Pflanzen sowie seltene Insekten und Wirbeltiere. „Sie sind durch eine hohe Biodiversität gekennzeichnet", sagt Honisch.

Daran wirkten die Älpler und Älplerinnen mit großer Kraftanstrengung mit: Durch das sogenannte Schwenden (Schneiden und Stutzen von Gebüsch und kleinen Bäumen) verhinderten sie ein Verbuschen der Flächen. „Damit tragen sie maßgeblich zum Erhalt unserer offenen Kulturlandschaft bei“, sagt Honisch. Diese Arbeit hebt auch das Bayerische Landwirtschaftsministerium hervor: „Ohne die offenen Bergweiden gäbe es in den sonst total bewaldeten Vorbergen kaum Aussichtsmöglichkeiten. Bis oben bewaldete Berge ohne Alplichtungen werden seltener besucht als solche mit Alpen und freien Gipfelfluren“, heißt es in der Dokumentation „Alm- und Alpwirtschaft in Bayern“.

Dass ihre Arbeit eines Tages den Tourismus fördern würde, das hätten sich Älpler in früheren Zeiten wohl kaum vorstellen können. Auch bei Patrick und seinen Helfern spielt dieser Effekt nach den Strapazen eines Alpauftriebs, sagen wir, eine untergeordnete Rolle. Sie haben nichts gegen Touristen, aber sie sind im Berg auch gerne unter sich. Genau wie an diesem Morgen. Als auch die Nachzügler unter den Schumpen auf der Weide angekommen sind, betreten die Treiber die Hütte. Sie wischen sich den Schweiß von der Stirn, ziehen die schweren Bergschuhe aus und wärmen sich am Feuer, das im Ofen der Stube knistert. Heidi, die Mutter von Roman, war als Erste oben und heizt bereits kräftig ein. Sie empfängt die Helfer, zu denen auch ihre Tochter Sina und ihr Mann Daniel gehören, mit Kaffee, Wienerle, Brot, Marmelade und Bergkäse von der benachbarten Buchrainer Alpe. „Greifet zu.“ Schon bald werden die ersten Radler aus dem Brunnen vor der Hütte gefischt und Schnupftabak herumgereicht. Es ist 7.30 Uhr an einem strahlenden Juni-Tag. Die Stimmung könnte für diese Uhrzeit kaum besser sein. Aus den Boxen des batteriebetriebenen Radios auf dem Holzregal ertönt „Born free“ von Kid Rock auf Bayern 1.
Der Alpsommer kann beginnen.

Für Patrick ist er einerseits mit Freiheit verbunden, andererseits mit großer Verantwortung. Für einen guten Hirten gibt es nichts Schlimmeres, als wenn seiner Herde etwas zustößt. Für ihr Wohl arbeitet er tags und, wenn es sein muss, auch nachts. Er geht mit seinen Tieren durch dick und dünn. Durch Sonnenschein, bedrohliche Gewitter, dichten Regen und manchmal sogar durch den ersten Schnee.

Sein guter Ruf sichert ihm die Existenz. Patrick hat die Einödsberg-Alpe gepachtet. Sie hat eine traditionsreiche Geschichte. Einstmals gehörte sie zum „Prinzregentenbogen", einem legendären Jagdgebiet, das sich im Besitz der Wittelsbacher Adelsfamilie befand. Ende der 1990er Jahre erwarb Unternehmer Manfred Kurrle aus Bolsterlang den etwa 1.000 Hektar großen Prinzregentenbogen. Fasziniert von der Schönheit der Landschaft, machte er sich ihren Schutz zur Lebensaufgabe: 2006 gründete er die Naturschutzstiftung Allgäuer Hochalpen, in die er den Besitz einbrachte. Unter seiner Regie gab es auf dem Einödsberg eine Rückkehr zur extensiven Alpwirtschaft mit jungen Rindern.

Zuvor hatte dort ein Schäfer jahrzehntelang über 1.000 Schafe hinaufgetrieben. Das völlig überweidete Gebiet sei in einem tristen Zustand gewesen, erinnert man sich in Oberstdorf. Doch mittlerweile wird der Einödsberg seinem früheren Ruf als Blumenberg wieder gerecht.

Als sich am frühen Vormittag die letzten Treiber verabschieden und die warme Hütte in Richtung Tal verlassen, marschiert auch Patrick nach draußen. Er atmet die klare Luft ein, erfrischt sein Gesicht mit kaltem Bergwasser aus dem Holzbrunnen und blickt auf das glücklich grasende Vieh auf der Weide. Nach reichlich Niederschlag und Sonnenschein in den vergangenen Wochen steht das Gras teils schon hoch. „Es ist angerichtet", sagt Patrick schmunzelnd. Dann begrüßt er seine Tiere mit einem sanften Klaps auf Nacken oder Rücken und begutachtet jedes einzelne. Ist es gesund? Hat es den Aufstieg gut überstanden? Braucht es besondere Pflege? Der Hirte nimmt sich lange Zeit, um sich mit seiner Herde vertraut zu machen. Paula schaut ihm über die Schulter. Auch sie will die Tiere kennenlernen, an deren Seite sie viele Stunden verbringen wird. In sechs Wochen, kurz vor Beginn der Sommerferien, wird Paula zu Patrick auf die Alpe ziehen. Bis dahin schaut sie, so oft es geht, auf der Einödsberg-Alpe vorbei. Zu viel Achtsamkeit kann es nicht geben. Gerade in diesem Jahr. Viele Älpler sind nach Sichtungen von Wölfen im Allgäu verunsichert. In Görisried (Ostallgäu) riss im April ein Wolf ein Hirschkalb. Wenige Wochen später sorgt ein Video aus dem Landkreis Lindau für erbitterte Diskussionen zwischen Wolfsgegnern und Wolfsbefürwortern in der Region. Es zeigt, wie sich ein Wolf bei Sigmarszell einer Schafsherde nähert. Das Raubtier steht bereits auf der Weide, als es vom Sohn des Schafhalters mit Rufen vertrieben wird. „Die deutlich größer werdenden Wolfspopulationen im Oberallgäu und in Vorarlberg bewegen die Land- und Alpwirtschaft", wird Kreisbauernobmann Elmar Karg in der Allgäuer Zeitung zitiert. Besorgt äußert sich im selben Artikel auch sein Kollege Alfred Enderle, schwäbischer Bezirkspräsident des Bayerischen Bauernverbandes (BBV). „Der Wolf ist nicht so scheu, wie immer behauptet wird." Tierschützer dagegen feiern die Rückkehr des Wolfes, der in Deutschland lange Zeit ausgerottet war.

Und dann sorgt ein weiterer großer Beutegreifer für Schlagzeilen: Die Sichtung eines Braunbären in Garmisch-Partenkirchen sowie Fotos von Braunbären auf Streifzug im benachbarten Österreich beunruhigen kurz vor Beginn der Alpsaison Landwirte und Älpler. In Scharnitz in Tirol sollen 15 Schafe von einem Braunbär gerissen worden sein. Auch Patrick macht sich seine Gedanken. Obwohl er Jäger ist, dürfte er sein Gewehr im Falle eines Aufeinandertreffens nicht nutzen. Sowohl der Wolf als auch der Braunbär stehen unter Schutz. Eines Tages, so befürchtet Patrick, wird eines der beiden Raubtiere auch am Einödsberg nach Beute suchen. „Fragt sich nur welches.“

Wenn Patrick Nachschub auf der Einödsberg-Alpe braucht, wird es anstrengend.
Foto: Jasmin Pommer

Noch ein bisschen schüchtern: Brüni ist das jüngste Kalb auf der Einödsberg-Alpe.

3. Brüni im Glück

Wen diese treuen braunen Augen kaltlassen, der muss ein Herz aus Gletschereis haben. Brüni ist das jüngste Kalb auf der Einödsberg-Alpe. Zusammen mit acht weiteren Altersgenossen führte es Älpler Patrick zwei Wochen nach dem Alpauftrieb auf den Einödsberg. Die schüchtern-schmalen Nachzügler wären beim Aufstieg mit den „Großen" ansonsten untergegangen. Vor gerade einmal vier Monaten erblickte Brüni das Licht der Welt auf dem Hof ihres Besitzers im Ostallgäu. Jetzt springt sie aufgeregt mit ihrer kleinen, wild bimmelnden Schelle über die saftigen Wiesen vor dem Kälblestall der Einödsberg-Alpe und bestaunt die neue Umgebung. Neugierig mustert sie die umliegenden Gipfel, senkt den Blick dann aber wegen der blendenden Sonne – und entdeckt am Boden ungeahnte Schätze: Gräser und Bergkräuter, die sie genüsslich vertilgt. Als sich Paula nähert und ihr den Rücken streichelt, wähnt sich Brüni vollkommen im Glück: „Keine Ahnung, wo ich hier gelandet bin", scheint ihr treuherziger Blick zu verraten. „Aber besser wird's nicht mehr."

Umgekehrt weckt Brüni auch bei Patrick und Paula vom ersten Moment an besondere Zuneigung. Sie ist nicht nur das Nesthäkchen, sondern obendrein ein besonders schönes Tier.

Ihr kastanienfarbiges Fell wird nur rund um den feucht glänzenden Nasenrücken von einem weißen Kringel unterbrochen. Brüni, die Braune, gehört zur Braunvieh-Rasse Brown Swiss, die jahrzehntelang als typisch für das Allgäu galt: gefeiert von Urlaubern als idyllisches Postkarten-Motiv, geliebt von Einheimischen als ein Stück regionaler Identität. Doch der schleichende Niedergang des Braunviehs hat längst begonnen. Aus wirtschaftlichen Gründen setzen immer mehr Bauern auf Fleckvieh oder die schwarz-weißen Holstein-Rinder, die noch vor zehn Jahren auf Allgäuer (Berg-)Weiden als Exoten galten. Heute ist das anders: Nur noch 58 Prozent der 190.000 Kühe im Allgäu sind Braunvieh. Tendenz sinkend. „Pro Jahr verringert sich der Braunvieh-Bestand um ein weiteres Prozent“, sagt ein Sprecher vom Amt für Ernährung, Landwirtschaft und Forsten in Kempten. Manche Bauern begannen schon vor Jahren mit der schrittweisen Umstellung.

Beinahe unbemerkt vollzog sich eine Kuh-Revolution, die darin gipfelt, dass auf vielen Allgäuer Höfen mittlerweile komplette Fleckvieh- oder Holstein-Herden zum Erscheinungsbild gehören. Die alte Allgäuer Bauern-Weisheit „Braunvieh ist gleich Traumvieh“ findet immer weniger Anhänger. Es geht um Rentabilität, nicht um Sentimentalität. Offen darüber reden will kaum jemand. Und wenn, dann nur anonym. „Natürlich hängt mein Herz am Braunvieh. Das sind die schönsten Kühe“, sagt ein Jungbauer aus dem Oberallgäu, der in diesem Jahr mit der Umstellung begonnen hat. „Aber wenn ich mit meinem Hof überleben will, muss ich knallhart rechnen. Und da spricht für mich alles fürs Fleckvieh.“ Denn diese massige Rinderrasse liefere pro Tier 80 bis 100 Kilo mehr Fleisch als eine Braunviehkuh. Zudem gebe sie dank jüngster Zuchterfolge mindestens so viel Milch – nämlich um die 8.000 Liter pro Jahr. Und: „Ich bekomme für die Kälber mehr Geld.“ Andere Bauern setzen auf die Holstein-Kühe, die besonders viel Milch produzieren: nämlich teils über 10.000 Liter pro Kuh und Jahr. Durch die Umstellung in den Talbetrieben verändert sich wohl oder übel auch das Bild auf den Alpweiden. „Das Allgäuer Braunvieh ist zwar der Stolz unserer Region“, sagt der frühere AVA-Vorsitzende Franz Hage. „Aber wir können uns der Entwicklung nicht verschließen.“ Das gilt auch für die Einödsberg-Alpe. Der Fleckvieh-Anteil beträgt mittlerweile 60 Prozent; nur noch 40 Prozent der Rinder gehören zur Braunvieh-Rasse. Für eine Allgäuer Alpe wäre das früher undenkbar gewesen. Auch für Patrick.

Andererseits hat er inzwischen festgestellt, dass die rot-weiß gescheckten Fleckvieh-Rinder am Berg trittsicher sind und sich clever verhalten. „Von mir aus können sie bleiben“, sagt er. Die schwarz-weißen Holsteiner will er dagegen so lange wie möglich von „seinem“ Berg fernhalten. Da ist er dann doch zu sehr Traditionalist. „Die passen einfach nicht hierher.“

Umso mehr freut er sich über Brüni, das süße Braunvieh-Kalb, das neue Spielgefährten gefunden hat. Auf ihrem Kopf und zwischen ihren Beinen tummelt sich eine Hennenschar. Sechs weiß-rote Sussex-Hühner hat Patrick auf die Alpe gebracht. Sie ziehen tagsüber gackernd um die Hütte, scharren und picken nach Nahrung im Boden und verkriechen sich nachts – genau wie die jüngsten Rinder – sicherheitshalber im Kälblestall neben der Haupthütte. Schließlich begibt sich in der Dunkelheit auf dem Alpgebiet schon mal ein Fuchs auf Streifzug …

Das Federvieh entstammt einem auswärtigen Legebetrieb, dessen Betreiber die Tiere aussortierte, weil sie ihm zu wenig Eier legten. Ein Bekannter von Patrick rettete sie vor dem Schlachtmesser und verkaufte sie ihm. Die Tiere danken es ihrem neuen Besitzer. Bis zu fünf Eier pro Woche liefert jedes Huhn in seiner neuen Umgebung im Hochgebirge. „Ums Frühstücksei brauchen wir uns keine Sorgen zu machen“, sagt Paula.

Die Lebensmittelvorräte des Älplers und der Kleinhirtin befinden sich ansonsten im Hüttenkeller. Sie werden einmal im Jahr angelegt. Dabei hilft Udo. Der erfahrene Helikopterpilot fliegt für ein Transportunternehmen aus Baden-Württemberg seit über 20 Jahren in den Allgäuer Bergen. In jedem Frühjahr steuert er vor Beginn der Alpsaison auch den Einödsberg an und liefert Patrick den Proviant: Dazu gehören kiloweise Nudeln, Reis, Bergkäse und Wurst, Marmela-

Früher kaum vorstellbar: Immer häufiger stehen Holstein-Rinder auf den Allgäuer Alpweiden.

de, Kaffee sowie mehrere Kisten Spezi und Radler. Für die Kälber gibt es Heu, für die Kühe Salzstein und für Patrick und Paula obendrein ein halbes Dutzend Bergschuhe aus dem Inneren des Helis. Das feste Schuhwerk dient als Rüstzeug für Regentage voller Matsch, Nässe, Rutschgefahr und Kälte. Und ist zugleich eines von vielen Beispielen für die Veränderungen in der Alpwirtschaft. Bis in die 1950er Jahre gab es im Allgäu Hirtenbuben und -mädchen, die sich an kalten Tagen barfuß in dampfende Kuhfladen stellten, um sich die Füße zu wärmen. Wenn Kinder hoch fieberten, griff man auf Höfen oder Alphütten ebenfalls zum Kuhfladen. Der getrocknete Dung wurde mit heißem Wasser übergossen und den Kleinen löffelweise verabreicht. Dem gewöhnungsbedürftigen Heißgetränk wurde eine heilende Wirkung nachgesagt.

Wer solche Berichte hört oder liest, versteht, weshalb die Zeit am Berg als „Härtemittel fürs Leben" galt, wie der Allgäuer Bergführer Willi Wechs (1901-1984) aus Bad Hindelang in seinen Memoiren schrieb. Und sie hatte für die oft armen Familien der Kleinhirten auch ökonomische Gründe: „Man hatte einen Esser weniger im Haus." Wechs erinnerte sich daran, wie er von seinem Alpmeister „wie ein Kälble" gemustert worden sei, ehe dieser ihn mit auf die Alpe nahm.

Diese archaischen Zeiten sind – gottlob – vorbei. Dazu trägt auch Udo bei, dessen fliegende Unterstützung Gold wert ist. Die schwerste Ladung, die er mit dem gelben Mehrzweckhubschrauber AS350 Écureuil nach oben transportiert, besteht aus Holz: 800 bis 1.000 Pfähle mit einem Gesamtgewicht von mehreren Hundert Kilogramm werden jedes Jahr auf der Alpe benötigt. Diese Fracht erleichtert Patrick eine der wichtigsten Arbeiten: „haagen". Darunter versteht man im Allgäuer Dialekt das Setzen von Zäunen und ihre Wartung. Im Fall der Einödsberg-Alpe hat das eine gewaltige Dimension. Etwa 12.000 (!) Zaunpfähle sind auf dem 100 Hektar großen Weidegebiet in den Boden geschlagen. Und wehe, ein paar von ihnen haben ihren Halt verloren! Dann drohen die Tiere auszubrechen und sich an den steilen Gebirgsflanken zu verlaufen und in größte Gefahr zu begeben.

Sobald Patrick lose oder kaputte Pfähle entdeckt, holt er neue aus dem Lager. Er schnallt sie sich aufs „Reaf", ein Tragegestell aus Holz, und schleppt sie an die Schadensstelle. Dort werden alte gegen neue Pfähle ausgetauscht und ihre unteren Spitzen getreu der „Hau-den-Lukas-Methode" im Boden versenkt. Wenig später spannt Patrick Stachel- oder Elektrodraht zwischen den Pfählen.

Ohne den Frachtflug von Helikopterpilot Udo zu Saisonbeginn wäre die Zaunpflege kaum denkbar. Die Alpe ist nur zu Fuß erreichbar. Die Pfähle auf diesem Weg nach oben zu bringen wäre ein extrem aufwendiger und obendrein teurer Prozess. „Finde heute mal jemand", sagt Udo, „der solche Lasten auf dem Buckel nach oben schleppen würde." Vermutlich würde ein Träger allein für zwei Dutzend Pfähle Stunden benötigen und an der Hütte völlig erschöpft zu Boden gehen. Auch für Pferde oder Mulis wäre der Transport wohl eine Quälerei, glaubt Patrick. Um Mensch und Tier diese zu ersparen, gibt es in Bayern Fördergelder für Alpen ohne Zufahrt, um die Grundversorgung mittels Hubschrauber sicherzustellen. Für die bewährte Zahl von drei bis fünf Frachtflügen zur Einödsberg-Alpe vor Beginn des Alpsommers kalkuliert Udo eine gute halbe Stunde ein. „Zumal der Patrick immer alles schön hergerichtet hat", sagt er schmunzelnd. Die Umgebung hat der Pilot längst ins Herz geschlossen. „Wenn man da oben angekommen ist, sieht man nirgends ins Tal oder auf Besiedlung. Das macht den Einödsberg für mich so besonders. Man hat das Gefühl, fernab der Zivilisation zu sein", sagt Udo, der die Allgäuer Alpen wie nur wenige aus der Vogelperspektive kennt. Das Unternehmen, für das er im Einsatz ist, absolviert pro Jahr etwa 400 Helikopterflüge in der Alpenregion. Dabei wird – ähnlich wie am Einödsberg – Fracht nach oben gebracht oder das Material für eine Sanierung, beispielsweise für große bewirtschaftete Berghütten des Deutschen Alpenvereins (DAV) eingeflogen. Und manchmal werden Udo und seine Kollegen auch zu Rettern in der Not. Dann wird eine kranke oder nach einem Absturz verletzte Kuh ins Tal geflogen – und zwar in einem sogenannten Tierbergungsnetz, das durch ein Tau mit dem Helikopter verbunden ist. Auch auf dem Einödsberg ist das schon vorgekommen, wie Patrick erzählt. Höhenangst kennen die Rinder offenbar nicht: „Die schauen mit dem Kopf um sich und genießen beim Flug die Aussicht."

Wegen ihrer Steilhänge gilt die Einödsberg-Alpe als extremer Berg, sagt Franz Hage, Vorsitzender des Alpwirtschaftlichen Vereins Allgäu. Ihr höchster Punkt ist der Gipfel des 1.993 Meter hohen Spätengundkopfes. „Die Bewirtschaftung erfordert ein Höchstmaß an älplerischem Können", betont Hage, der mit dem Gelände bestens vertraut ist. Er war dort selbst schon Alpmeister. Und er kennt die Oberstdorfer Sage vom „Sisyphos vom Einödsberg" – eine jahrhundertealte Mahnung an jeden Älpler, seiner Verantwortung für das Vieh an diesem besonderen Ort gerecht zu werden. Ein unachtsamer Hirte ließ der Erzählung zufolge die Kuh einer armen Witwe zu Tode fallen. Anstatt sich den selbstverschuldeten Unfall zu Herzen zu nehmen, soll er hellauf gelacht haben, als das arme Tier einen steilen Abhang hinabstürzte und sich dabei mehrfach überschlug. Zur Strafe für diesen Frevel soll der gewissenlose Hirte nach seinem Tod keine Ruhe gefunden haben. Als Geist musste er die Kuh unter unbeschreiblichen Anstrengungen immer wieder die mächtige Bergflanke hinauftragen. Sobald er aber oben angekommen war, entwich ihm das Tier – und stürzte erneut ab. Die Sage wirkt bis heute nach. „Für die Steilhänge dort braucht es absolute Profis", sagt Hage. „Der Patrick gehört definitiv dazu."

Doch vor Rückschlägen ist selbst er nicht gefeit. Wenige Tage nach dem Auftrieb fällt dem Hirten das sonderbare Verhalten eines Jungrinds auf, das neu auf der Alpe ist. Ständig hängt es am Hinterteil eines bereits bergerfahrenen Tiers. Sobald sich das ältere Rind jedoch ein paar Meter vom jüngeren entfernt, stakst der Neuling unsicher über die Weide, stolpert selbst über kleine Unebenheiten und gerät an einem Sumpfloch in der Wiese endgültig ins Straucheln. Schnell ist für Patrick klar: „Das Tier ist blind." Vereinzelt hat er so einen Fall in all den Jahren auf dem Einödsberg schon erlebt. Erstaunlicherweise fallen die Tiere trotz ihres Handicaps beim Aufstieg nicht weiter auf. Sie kaschieren ihre Schwäche, indem sie sich buchstäblich blind ihrer Herde anvertrauen. Ihrem Geruchssinn folgend, hängen sie sich ans Hinterteil einer trittsicheren Artgenossin und tappen als Mitläufer nach oben. Sobald sie im Hochgebirge jedoch einmal eigene Wege gehen, sind sie heillos überfordert und gefährdet wie ein Tourist in Turnschuhen an einer Steilwand. Da hilft nur eins: das Abenteuer Alpen schnellstmöglich beenden, bevor sich ein Drama ereignet. Pilot Udo muss Patrick in so einem Fall nicht bemühen. Es reicht, wenn er sich dem Tier beruhigend zur Seite stellt und es mit dem jeweiligen Leitrind langsam nach unten ins Tal begleitet, wo es von seinem Bauern in Empfang genommen wird.

Neben der blinden Kuh macht Patrick gleich zu Beginn der Alpsaison eine weitere beunruhigende Entdeckung: Ein Jungrind macht einen apathischen Eindruck. Es frisst kaum, lässt die Ohren hängen, atmet schnell und macht seltsame Geräusche. Sie klingen wie Husten, nur tiefer und durchdringender als beim Menschen. Kaum hat sie Patrick vernommen, schrillen bei ihm die Alarmglocken. Denn er weiß: Es droht Lebensgefahr, wenn die Krankheit nicht von einem Tierarzt behandelt wird. Das Tier hat eine Lungenentzündung. Sofort ruft Patrick dessen Besitzer an und vereinbart einen Treffpunkt im Tal. Dann muntert er die Patientin mit einer Streicheleinheit auf und verabreicht ihr eine Tiermedizin. Schon scheint es dem Tier besser zu gehen. Dennoch will Patrick jetzt keine Zeit verlieren. Sachte, aber bestimmt, führt er das Rind von der Herde weg und begleitet es ins Tal. Von weitem wirken die beiden auf dem steinigen Viehweg wie eine verschworene Schicksalsgemeinschaft. Sie tippeln nebeneinander, legen drei, vier Mal eine Rast ein. „Des wird scho, wirsch sehen“, raunt Patrick dem Rind ins Ohr. Das Tier schaut ihn wohlwollend mit seinen großen braunen Augen an. Sie scheinen Optimismus zu verbreiten. Als sie das Tal erreichen und Patrick das Tier in die Obhut des Bauern gibt, ist er erleichtert. Das Rind hat den Abstieg tapfer gemeistert. „Es wird durchkommen“, sind sich Älpler und Besitzer einig.

Ein anderes junges Rind erlag dagegen seiner Erkrankung, bevor der Alpauftrieb begann. Es zeigte, noch auf der Vorweide stehend, Symptome einer Lungenentzündung. „Das hätte ich schon beim Schellenanlegen im Stall merken können. Dann hätte ich es dort gelassen“, erzählt Patrick niedergeschlagen. Ihm blieb nichts anderes übrig, als den Bauern zu informieren. Er holte sein Tier auf der Vorweide ab und ließ unverzüglich den Tierarzt kommen. Doch selbst dieser konnte die Krankheit nicht mehr stoppen. Tage später erhielt Patrick einen Anruf, dass das Tier trotz aller Bemühungen verendet sei. Ein dunkler Schatten liegt damit auf der noch jungen Alpsaison. Zu diesem Zeitpunkt ahnt noch niemand, dass Patrick Konsequenzen daraus ziehen wird. Doch dazu später.

Wenn ein Tier auf der Alpe erkrankt, ist Patrick mit dem Ab- und Aufstieg ins Tal mehrere Stunden beschäftigt. Ein Aufwand, der wie aus der Zeit gefallen scheint. Längst hat das Prinzip der Rationalisierung auch auf vielen Allgäuer Höfen Einzug erhalten. Große Milchviehbetriebe haben teils kein Interesse mehr daran, ihre Jungrinder auf die Alpen zu schicken. Für sie bedeutet es Mehraufwand, die Tiere an den Aufenthalt auf den Alpweiden zu gewöhnen. Einfacher ist es, sie ganzjährig in modernen Laufställen zu halten.

Das derzeit diskutierte Verbot der Anbindehaltung würde sich zwar positiv auf das Tierwohl auswirken, könnte aber einen negativen Effekt auf die Alpwirtschaft haben. Denn: Noch setzen viele kleine Betriebe im Allgäu auf eine Kombination aus Anbindehaltung im Winter und Weidehaltung auf der Alpe im Sommer. Für das Überleben der Alpwirtschaft sei es enorm wichtig, dass die sogenannte Kombihaltung auch in Zukunft erlaubt bleibt, argumentieren die Älpler. „Wenn die Betriebe die Kombihaltung aufgeben müssen, fallen sie uns komplett weg", befürchtet Patrick.

Auch der Klimawandel setzt die Alpwirtschaft in den Alpen unter Druck. Das wird dieser Sommer auf drastische Art und Weise zeigen. Besonders betroffen ist die Schweiz. Hitze und ausbleibender Regen bringen viele Älplerinnen und Älpler in Nöte. Es fehlt an Wasser für die Tiere. In manchen Regionen, etwa im Berner Oberland, muss die Armee anrücken. Im Rahmen der militärischen Katastrophenhilfe fliegt sie in großen Behältern das dringend benötigte kühle Nass in die Höhenlage. Davon betroffen ist auch eine Alpe, die wie ein Geschwisterchen des Allgäus klingt: das „Allgäuli". Sie liegt auf rund 1.700 Metern oberhalb von Habkern im Kanton Bern. In anderen Kantonen muss das Vieh vorzeitig aus den Höhenlagen abgezogen werden – und in einigen Fällen sogar aus Not verkauft und geschlachtet werden, wie Schweizer Medien berichten. Wegen steigender Temperaturen droht sich auch die Berglandschaft zu verändern. Die Waldgrenze steigt. Das bedeutet, dass sich Gestrüpp und Bewaldung in immer höheren Lagen ausbreiten und künftig ganze Gipfel vereinnahmen könnten, wenn sie nicht von Älplern geschwendet werden.

Trotz oder gerade wegen dieser Herausforderungen gibt es im Allgäu weiterhin junge Menschen, die sich mit Leidenschaft dem Älpler-Dasein verschreiben. Die hart dafür arbeiten, dass die vertraute Kulturlandschaft der Allgäuer Alpen mit ihren in allen Grüntönen schimmernden Hängen und Hügeln bleibt, wie sie ist. Und die an die Zukunft der Tradition glauben, wohlwissend, dass die Alpwirtschaft sich Neuem nicht verschließen kann, sondern immer wieder einen Mittelweg zwischen Ursprünglichkeit und Modernität finden muss. Zu dieser jungen Älpler-Generation zählt auch Patrick. Doch wer ist er überhaupt?

Das Älpler-Dasein ist oft ein Knochenjob, doch es gibt auch idyllische Momente wie diesen. Foto: Ralf Lienert

4. Blankoschecks für Freiheit

Ein Mann, ein Wort. Wenn Patrick eine Entscheidung trifft, dann steht sie. Halbe Sachen gibt es bei ihm nicht und eine „Halbe" äußerst selten. Der 35-jährige Älpler behält stets kühlen Kopf, um seiner Verantwortung am Berg, oder wie die Oberallgäuer sagen: im Berg, gerecht zu werden. „Hier oben muss es funktionieren. Das ist mein Anspruch. Ich bin für jedes Tier da", sagt er. „Wenn ich das nicht garantieren kann, hab ich am Einödsberg nichts verloren." Während viele Älpler im Allgäu als Angestellte von landwirtschaftlichen Genossenschaften bezahlt werden, ist Patrick selbst Unternehmer. Als Pächter der Einödsberg-Alpe steht er voll in der Pflicht. Dafür rackert er an manchen Tagen von Sonnenaufgang bis in die Abenddämmerung. Das Leben im Berg ist karg und das Älpler-Dasein ein Knochenjob. Daran können auch Strom und Handyempfang, den es auf fast allen Alphütten im Allgäu mittlerweile gibt, kaum etwas ändern. Luxus bedeutet für Patrick, wenn ihm Freunde aus dem Tal am Sonntag einen selbst gebackenen Hefezopf mitbringen oder die Wochenendausgabe des Allgäuer Anzeigeblatts, einer Heimatausgabe der Allgäuer Zeitung, auf die Hütte liefern. Ähnlich wie das Süßgebäck wird am Stubentisch der Lokalteil verschlungen.

Zur Zeitung hat Patrick ein besonderes Verhältnis. Ohne sie säße er jetzt wohl nicht hier oben. Das Kapitel Einödsberg begann vor fast 20 Jahren mit einer Annonce. Geschaltet hatte sie sein Vorgänger. Mit einem Inserat in der Rubrik „Vermischtes" suchte er nach einem Hirten zur Unterstützung.

Patrick hatte seine Entscheidung bereits beim Lesen getroffen: „Da muss i nüüf." Jetzt ging es nur noch darum, den erfahrenen Älpler zu überzeugen. Und das gelang dem damals 19-Jährigen mühelos. Dabei half ihm sein Auftreten. Patrick kann zwar stur sein, aber ein Allgäuer Muhagl, der Fremden nicht in die Augen schaut und alles Neue mit „so a Schmarre" abtut, ist er sicher nicht. Eher schon gehört er zum Typ „Mächlar", den es mindestens genauso oft im Allgäu gibt: Tüftler, die mit Geschick und Geduld Erstaunliches vollbringen. Die ihr Leben lang wissbegierig bleiben – und für die nicht in Stein gemeißelt steht, dass die Welt mit den Bergen vor der Haustür endet. Der altvordere Älpler jedenfalls nahm dem jungen Mann das aufrichtige Interesse für die Alpwirtschaft auf Anhieb ab. Und das, obwohl Patrick nicht auf einem Bauernhof aufwuchs. Er stammt aus einer bürgerlichen Familie: Sein Vater ist Gastronom, seine Mutter Chefin eines Textilgeschäfts, sein Bruder Psychologe. Patrick dagegen lag von klein auf die Landwirtschaft „irgendwie in den Genen", wie er heute sagt. Das könnte nicht von ungefähr kommen: Seine Vorfahren waren tatsächlich Bergbauern.

Schon als Kind gab es für ihn nichts Spannenderes, als auf dem Nachbarhof im Stall zu helfen. Als Jugendlicher erfüllte er sich einen Traum und verbrachte mehrere Alpsommer als Kleinhirte. Nach seiner erfolgreichen Bewerbung stieg er dann am Einödsberg zum Hirten auf. Dort kam er aus dem Staunen nicht mehr heraus. Diese Faszination ist bis heute geblieben. „An einem Sommertag kann es hier oben der schönste und friedlichste Ort der Welt sein. Aber dann zieht plötzlich ein Gewitter auf – und alles ist völlig anders. Diese Mischung macht den Berg aus.“ Ein Berg, an dem Patrick seit fast 20 Jahren sein Sommerglück findet und an dem er seit 15 Jahren Pächter ist. „Wenn man einen Tag erfolgreich geschafft hat, es allen Tieren gut geht und immer noch die Sonne scheint, dann sind das unheimlich intensive Momente. Die gibt‘s nirgendwo anders.“ Dann spürt er jenes Gefühl, das man für kein Geld der Welt kaufen kann. Auf dem Berg gibt es keinen Bankautomat, dafür aber Blankoschecks für Freiheit. „Hier oben bin ich mein eigener Herr. Da redet mir keiner drein“, sagt Patrick schmunzelnd. Die Zwänge der Zivilisation lösen sich mit jedem Höhenmeter. Ab 1.500 Metern zum Beispiel, so heißt ein ehernes Gesetz im Allgäu, ist das „Du“ die einzig gültige Anredeform. Ganz egal, ob einer Hausmeister oder Hightech-Millionär ist oder ob eine Ferrari oder Fendt fährt. Das Gebirge lässt Gegensätze verschwinden und schärft den Blick für Gemeinsamkeiten. „Es geht darum, ob man es hier oben schafft“, sagt Patrick, „oder ob einen der Berg abwirft.“ Gleichzeitig prägt der Berg all jene, die seinen Launen trotzen.

Vom unabhängigen und unerschrockenen Geist der Allgäuer Älpler zeugen zahlreiche Anekdoten. Eine der schönsten rankt sich um die Begegnung eines Oberstdorfer Senns mit Prinzregent Luitpold von Bayern (1821-1912), zu dessen Jagdgebiet seinerzeit auch der Einödsberg gehörte. Weil er die Arbeit des kantigen Allgäuers schätzt, beschenkt der hohe Herr ihn mit einer edlen Prinzregentenzigarre aus seinem Etui. Nach einigen tiefen Zügen fragt der Wittelsbacher, wie denn die Rauchware schmecke. Darauf der Senn: „Woll, woll. Waischt Luitpold, i rüch an jedan Dreck.“ Über ähnlich trockenen Humor verfügt auch Patrick. Wenn er einem Städtler erklären soll, was er auf seiner Alpe so treibt, antwortet er verschmitzt: „I bi d'r Weidemanager …" Natürlich hat Patrick auch einen ganz „normalen" Beruf erlernt: Zimmerer. Er liebt Holz als Material, seit er als kleiner Bub mit dem Schnitzen begann. Genau wie seine 54.500 Zimmererkollegen in Deutschland errichtet er Dachstühle und stellt Holzbauten aller Art her. Eine Arbeit, die neben präzisem Vorstellungsvermögen jede Menge handwerkliches Geschick und körperliche Fitness verlangt. Das hilft auch im Gebirge. So hat Patrick vor einigen Jahren die Hütte oben am Grat nach Zustimmung der Behörden selbst um einige Meter vergrößert.

Kein Wunder also, dass viele Älpler im Allgäu gelernte Zimmerer sind. Sie sind bodenständig, zuverlässig und obendrein kreativ, wenn es darum geht, unvorhergesehene Probleme zu lösen. Außerdem spielen die Betriebe im Allgäu mit: Die meisten sind familiär geführt und haben traditionell eine Verbindung zur oder zumindest ein Verständnis für die Alpwirtschaft. Für den Alpsommer von Anfang Juni bis Mitte September wird Patrick von seinem Chef Thaddäus Berktold, zugleich Obmann der Oberstdorfer Lawinenkommission, freigestellt. Im Herbst und Winter arbeitet Patrick wieder im Betrieb, wo seine Rückkehr bereits sehnlich erwartet wird. Genau wie die von allen anderen Älplern im Allgäu, egal ob sie Zimmerer, Schreiner, Mechaniker oder Bauern sind. Apropos. Im Nebenerwerb ist auch Patrick Landwirt. Vor sechs Jahren hat er in Tiefenbach auf dem Grund seiner Familie einen Stall gebaut. Seither hält er 20 Rinder und 25 Schafe. Von der Alpwirtschaft allein und ganzjährig zu leben, davon mag manch ein Älpler träumen. Doch im Allgäu haben sie diesbezüglich schlechte Karten. Als einer der ganz wenigen genoss Johann Wucherer, bekannt auch als „d'Wasser Hans", dieses Privileg auf der Alpe Bachschwanden bei Missen-Wilhams im Oberallgäu. 84 Jahre lebte er dort. Von der Geburt bis zu

Allgäuer Älpler-Original: „D' Wasser Hans" lebte 84 Jahre auf der Alpe Bachschwanden – auch im Winter.

seinem Tod im Januar 2021. Sein Leben lang kümmerte er sich im Sommer ums Jungvieh und verbrachte auch nach dem Viehscheid den Herbst und Winter auf der 950 Meter hoch gelegenen Landalpe. Ein Leben im Tal konnte sich „d'Wasser Hans" bis zuletzt nicht vorstellen, wie er wenige Monate vor seinem Tod dem Autor bei mehreren Besuchen verriet. „Im Dorf müsst i ja Miete zahlen, hätt aber keine so schöne Aussicht", sagte er mit einem verschmitzten Lächeln und strich sich durch den grauen Rauschebart. Selbst im Winter, wenn draußen der Schnee wirbelte, der Wind frostig ums Gebälk pfiff und das kleine Sträßlein hinauf zur Alpe zuzufrieren drohte, hätte er nie tauschen wollen. Lieber schaufelte er stundenlang Schnee („Wenn der z' hoch liegt, komm i nimmer naus bei d'r Tüar") und heizte nach getaner Arbeit den Ofen mit selbst geschlagenem und gespaltenem Brennholz. „Wenn i heimkomm", begründete er mit trockenem Humor, „will i d' Joppa ra dua und it nauf!" „D'Wasser Hans", das sagen alle, die ihn kannten, war ein Original. Ein Natur-, Wetter- und

Wilderer Anton „Bums“ Dösinger: Seinen Spitznamen verdankte er einem Missgeschick am Einödsberg.
Foto: W. Hagspiel, Archiv Marktgemeinde Oberstdorf

Tierfachmann und ein handwerkliches Universalgenie. Auch dafür hatte er seine eigene Erklärung: „99 Prozent muss i do herob selber macha. Wenn's amol klemmt, kann i it warte, bis der Handwerker Zit hot.“ Er konnte mit der Wünschelrute Wasserquellen aufspüren und verstand sich als einer der Letzten seiner Generation auf das Quellenfassen. Selbst im hohen Alter stand er im Winter noch an der Schleifmaschine und fertigte mit Engelsgeduld bei frostigen Temperaturen Besenstiele, um die ihn Bekannte gebeten hatten. Dabei kam ihm dieser Satz über die Lippen, der ihm sein ganzes Älpler-Leben als Motto diente: „Wenn ma's it mit Liebe duat, goht's it." So sieht das auch die jüngere Älpler-Generation, zu der Patrick gehört. Oder sein Spezl Christian Schratz aus Bad Hindelang. Die beiden haben zusammen die Zimmerer-Lehre absolviert, sind am liebsten im Gebirge unterwegs und tauschen sich bis heute aus. Zu besprechen gibt es einiges: Christian hat sich einen Kindheitstraum erfüllt, indem er eine verlassene Alpe im hochalpinen Gelände wiederbelebte. Wo 70 Jahre lang nur eine Ruine stand, erstrahlt heute die Gernalpe auf 1.690 Metern unterhalb des Gehrenkopfs in neuem Glanz. Für die einstigen Pächter war die arbeitsintensive Bewirtschaftung in steiler Lage unrentabel geworden.

Das jahrhundertealte Gebäude war dem Verfall preisgegeben. Nur noch bröckelnde Steinmauern erinnerten an die alte Hütte. Schon als Bub zog es Christian Schratz immer wieder an den für ihn magischen Ort mit der beeindruckenden Aussicht auf markante Gipfel wie Hochvogel und Nebelhorn und das liebliche Ostrachtal. Als Christian später die Landwirtschaft seines Vaters übernahm und die Weideflächen für seine 40-köpfige Herde im Hintersteiner Tal zu knapp wurden, entstand ein kühner Plan: der Geisteralpe neues Leben einzuhauchen! Bei der Besitzer-Familie des Landstrichs stieß er sofort auf offene Ohren. Schon schwieriger war es, alle bürokratischen Hürden zu nehmen. Als das schließlich gelungen war, begann der nächste Kraftakt: der Hüttenneubau.

Mit der Hilfe von Familie und Freunden wurden die steilen Pfade hinauf zur Weide wieder begehbar gemacht und mit einem Bagger Wasserleitungen zur Hütte und zu den Viehtränken verlegt. Das Material zum Hüttenbau wurde vom Hubschrauber nach oben geflogen. Als Renner erwies sich die

Planung von Zimmermeister Thomas Scholl: „Wir haben viele Balken einfach nur zusammenstecken müssen. Das war fast schon wie bei Ikea“, verrät Christian Schratz schmunzelnd. Nach nur drei Wochen waren die wichtigsten Arbeiten erledigt. Der Auftrieb der Kühe klappte auf Anhieb in nur zwei Stunden. „Das Vieh hat sich von Anfang an wohlgefühlt und ich mich auch.“ Ungewöhnlich für die Allgäuer Alpen: Christian Schratz hat sich auf Mutterkuhhaltung spezialisiert und hält rund 40 Kühe der Rasse Tiroler Grauvieh.

Der Alpen-Neubau vor sechs Jahren hat ihn viel Geld gekostet. Ob er es jemals reinwirtschaften kann, wird sich zeigen. Doch das sieht der Allgäuer gelassen: „Die Tage oben im Berg sind unbezahlbar.“ Oder wie „d'Wasser Hans“ gesagt hätte: „Wenn ma's it mit Liebe duat, goht's eaba it.“ Keine Frage: Die Jungen wie Patrick oder Christian fühlen sich der Tradition der Altvorderen, dem Mythos Alpwirtschaft, tief verbunden. Dennoch gehen sie eigene Wege. Wer immer nur in die Fußstapfen von anderen tritt, wird nie ein eigenes Profil entwickeln. Bei Patrick spielt dabei das Handy genauso selbstverständlich eine Rolle wie der Hundertjährige Kalender. Über das Smartphone informiert er sich über Wetterprognosen, die im Berg überlebenswichtig sind. Im Hundertjährigen Kalender, der im 17. Jahrhundert von Mauritius Knauer, Abt des Klosters Langheim, verfasst wurde, liest er alles über den möglichen Einfluss von Mondzeichen auf Tiere. Den Alpabtrieb würde er zum Beispiel nie ins dort erwähnte Krebszeichen legen, selbst wenn der Wetterbericht auf seinem Handy noch so gut wäre. Denn im Krebszeichen gelten die Tiere als besonders nervös, angespannt und aufbrausend. Heißt es im Kalender. Für Patrick haben sich Vorhersagen wie diese schon oft bewahrheitet. Wem oder was er glaubt, sucht er sich noch immer selber aus. Ein eigener unabhängiger Geist wird auch all jenen Charakterköpfen bescheinigt, die im Berg Geschichte schrieben. Zum Beispiel dem legendären Wilderer namens „Bums“, dessen Geschichte untrennbar mit dem Einödsberg verbunden ist und über die die Jungen noch heute lachen. Anton Bums Dösinger (1829-1905), der Letzte seines Geschlechts und obendrein ein viel bewunderter Hallali-Hallodri, verdankte seinen Spitznamen einem Zwischenfall beim Alpauftrieb. Das Kraftpaket aus der Birgsau, dem ein Oberstdorfer Chronist bescheinigte, dass er mühelos 150 Kilogramm über mehrere Kilometer tragen konnte, half jedes Frühjahr, das Vieh auf den Einödsberg zu treiben. Mit seiner zupackenden Art stand er hoch im Kurs.

Er konnte sich die schwersten und sperrigsten Dinge auf die Schultern laden und hatte obendrein noch genug Luft, um allerlei derbe Witze zu reißen. Beim Alpauftrieb 1855 stieg er einmal mehr mit Hirten, dem Alpmeister sowie einigen Tagwerkern zur Alpe hinauf. Dabei kam es zu einem, sagen wir, tragikomischen Ereignis, das in den Dokumenten des Verschönerungsvereins Oberstdorf nachzulesen ist. Der Anton trug demnach eine mächtige Last auf seinem Reaf. Obendrauf hatte man ihm noch ein Butterfass mitsamt Gestell gepackt, das er mit der Hand über dem Kopf festhielt.

Die Kameraden waren schon fast oben angekommen, als der Dösinger einen recht lustigen „Dischkurs“ (Details sind leider nicht überliefert) mit dem Alpmeister führte. Jedenfalls mussten alle herzhaft lachen. Und genau in diesem Moment kam es, wie es kommen musste: Der Dösinger geriet ins Stolpern, als er gerade eine seiner schlagfertigen Antworten geben wollte. Das Butterfass rutschte mitsamt dem Gestell vom voll beladenen Reaf und donnerte in immer größeren Sprüngen einen Steilhang hinunter. Mit gewaltigem Scheppern krachte es schließlich gegen einen Findling und zerbrach in alle Einzelteile. Ein Missgeschick, das alle peinlich berührte. Keiner sagte ein Wort. Bis auf den Dösinger. Er murmelte etwas von einem „Teufelsfass“ und quittierte dessen Auseinanderbrechen mit den legendären Worten: „Bums, bigodd, iez isch as vrschelld.“ Kaum gesagt, klopften sich alle auf die Schenkel. Die Männer redeten den ganzen Tag nur noch vom Dösinger und seinem Ausruf, der ihm seinen neuen Spitznamen einbrachte. Fortan fristete er sein Dasein als „Bums von der Birgsau“. Wie alles andere im Leben soll er auch das mit Humor getragen haben.

Dass der Bums auch über jede Menge Wumms verfügte, wussten freilich nur Eingeweihte. Wie viele Talbewohner und Bergbauern der damaligen Zeit vertrat er mehr oder weniger offen die Auffassung, dass das Wild allen gehörte – und nicht nur einigen Privilegierten. Dafür setzte er leidenschaftlich gerne seinen pfundigen „Abschriüfar“ (Stutzen) ein. Die Jagdaufseher wussten von seinem Treiben und belauerten ihn. Doch auf frischer Tat erwischten sie ihn nie. Mehrmals wurde sein Haus durchsucht, doch ohne Erfolg. Sein größtes Geheimnis kam erst nach seinem Tod im Alter von 76 Jahren ans Licht. Niemand war aufgefallen, dass in seiner kargen Behausung die Tür von der Gangküche bis zum Schopf einen tieferen Stock hatte. Es gab einen Zwischenraum, der etwa eineinhalb Meter breit und fünf Meter lang war. Dieser war mit Holzzapfen und Asthaken geschickt verdeckt. Hier konnte man allerlei aufhängen und verstauen. Und genau das hatte der Bums offenbar eifrig getan: Die Wände zeigten uralte Blutspuren und Wildhaare. Hier also hatte das alte Schlitzohr über all die Jahre hinweg sein Wildbret gelagert, abgehangen oder an Eingeweihte verkauft.

Wenn Älpler Patrick heute auf den legendären Bums angesprochen wird, muss er grinsen. „Das waren einfach andere

Zeiten." Patrick geht zwar auch gerne auf die Pirsch. Aber er hat einen Jagdschein und besitzt eine Jagderlaubnis im nahegelegenen Seitental Warmatsgund, wo er Gamsn, Rehe oder Hirsche bis drei Jahre schießen darf. Die Beobachtung der Wildtiere in abgeschiedener Natur, das Lesen ihrer Fährten und Verhaltensmuster, schlägt ihn seit Beginn seines Älpler-Daseins in den Bann. „Im Berg lernt man wahnsinnig viel übers Wild. Man begegnet ihm ja fast täglich. So viel Bezug kann ein Theoretiker, der den ganzen Tag im Büro sitzt, gar nicht haben", sagt Patrick, der das fettarme Wildbret schätzt. Anders als in seinem Revier im Warmatsgund ist er auf dem Gebiet der Einödsberg-Alpe ausschließlich Beobachter. Dort gilt seine Jagderlaubnis nicht. Und Patrick käme es nicht einmal am entlegensten Winkel dort in den Sinn, sich über das Verbot hinwegzusetzen: „Dann wär ich den Berg sofort los."

Sosehr sein Herz für arme, aber gewiefte Schlucker wie den Bums aus längst vergangenen Tagen schlägt, so sehr ärgert er sich über moderne „Outlaws" im Berg. Jene gut situierten Städtler, die „just for fun" ihre wilde Seite ausleben, auch wenn es dabei meist nicht um Wilderei geht, sondern um die Jagd nach Fotomotiven für Social-Media-Kanäle. Sie campen trotz Verbotsschildern im Naturschutzgebiet Allgäuer Hochalpen, entfachen Feuer trotz Waldbrandgefahr, lassen ihren Müll liegen oder klopfen schon am frühen Morgen an die Fenster der Hinteren Einödsberg-Alpe: „Gibt's hier auch 'nen Almöhi?", fragen sie dann belustigt. Oder: „Na, habt ihr noch 'n Plätzchen frei?" Patrick erklärt in solchen Fällen (meist) freundlich, dass er die Alpe ausschließlich für Tiere bewirtschaftet. Doch das passt nicht jedem Touristen ins Konzept: „Wir kommen am Nachmittag wieder!" In solchen Momenten fragt sich der Älpler ernsthaft, ob die wahren Rindviecher nicht Fell, sondern Funktionsjacken tragen. Endgültig auf 180 ist er, wenn

Wanderer oder im Winter Skitourengeher verbotenerweise im Naturschutzgebiet Allgäuer Hochalpen in der Nähe des Basislagers biwakieren – und sich für ein „Feuerchen" noch schamlos am Brennholz vor der Hütte bedienen. „Da platzt mir der Kragen."

Großen Ärger bei den Älplern löste vor zwei Jahren auch ein Vorfall am Immenstädter Horn aus: Nachdem Wanderer oder Trailrunner nachts Weidetiere aufschreckten, sind die Tiere vermutlich wegen der Lautstärke oder des hellen Lichts der Stirnlampen in Panik geraten. 13 Jungrinder stürzten an einem Steilhang ab. Zwei davon starben, ein drittes wurde schwer verletzt. Die Verursacher des Unglücks informierten nicht einmal die Bewirtschafter der Alpe, die den ganzen Folgetag aufgebracht nach den Tieren suchten. Nicht nur das Tierwohl, sondern auch die Arbeit der Älpler scheint manchen Outdoor-Freaks offenbar ziemlich egal zu ein.

Für sie sind Berge, Wälder und Alpweiden vor allem eines: eine stets geöffnete Abenteuerkulisse, die eigens für Touristen-Bedürfnisse erschaffen wurde. „Mit Respekt vor Land und Leuten", ärgert sich Patrick, „hat das oft nicht viel zu tun." Dabei wäre Achtung durchaus angebracht. Älpler und Älplerinnen gehen für ihr Vieh und den Erhalt der Kulturlandschaft oftmals an ihre Grenzen. „Körperlichen Verschleiß gibt's bei fast jedem von uns", sagt Patrick. Er selbst ist ein gutes Beispiel. In der Alpsaison 2009 zog er sich einen Kreuzbandriss zu, als er mit dem Fuß in einem der vielen Bodenlöcher auf den Weiden hängenblieb.

Über die Verletzung machte er sich freilich keine großen Gedanken. Ein paar Tage war halt das Knie dick. Kein Grund, um zum Arzt zu gehen. Dachte er damals und marschierte weiter. Das wahre Ausmaß seiner Verletzung erfuhr er erst drei Jahre später. Beim Skifahren erlitt er – ebenfalls am rechten Knie – einen Meniskusriss. Zur allgemeinen Überraschung stellten die behandelnden Ärzte im Krankenhaus fest, dass er über kein Kreuzband mehr verfügte …

In einer mehrstündigen Operation wurde nicht nur der Meniskusriss behoben, sondern auch ein künstliches Band zwischen Unter- und Oberschenkelknochen befestigt. Otto Normalverbraucher hätte danach die Berge vermutlich für lange Zeit gemieden. Nicht so ein Allgäuer Älpler. Patrick biss auf die Zähne und stieg schon im nächsten Frühjahr mit dem Vieh zusammen hinauf auf die Einödsberg-Alpe. Ein Jahr später folgte dann der nächste Schrecken: Wieder verhakte er sich im Stechschritt bei der Arbeit in einem Bodenloch, wieder riss das Kreuzband am rechten Knie, diesmal das künstliche. Die Schmerzen müssen einmal mehr beträchtlich gewesen sein. Doch von einer erneuten OP sah Patrick nach Absprache mit den Ärzten ab. Stattdessen achtet er darauf, das Knie nicht zu überstrapazieren.

Statt sich wie früher wuchtige Lasten aufzuladen, läuft er heute lieber zwei, drei Mal mit weniger Gewicht auf den Schultern. Er will schließlich noch lange Älpler bleiben. Die Alpe ist für ihn mehr als nur eine Arbeitsstätte. Sie ist sein Sommer-Zuhause. Das erkennt man schon daran, wie er das Basislager betritt, also die Hintere Einödsberg-Alpe. Die dreckigen Bergschuhe werden vor dem Betreten der Stube ausgezogen. Drinnen ist der Holzboden sauber gefegt, das Geschirr gespült, jedes Drum hat seinen Platz. Dass hier früher, vor dem Hüttenbau, einmal ein Saustall stand, kann kein Mensch glauben. Für Ordnung in der Hütte sorgen Patrick und Paula gemeinsam. Auch draußen auf den Weiden müssen sich der Älpler und die Kleinhirtin zu 100 Prozent aufeinander verlassen können.

Der Berg verzeiht keine Fehler.

Alles im Blick: Paula verbringt ihren fünften Sommer als Kleinhirtin auf der Einödsberg-Alpe. Foto: Ralf Lienert

5. Paulas Mutprobe

Wer Paula begleiten will, muss sich sputen. Wenn die 14-Jährige von der Hütte aufbricht, um nach dem Vieh zu schauen, saust sie die Steilhänge rauf und runter. Ihre langen blonden Haare flattern im Wind. Schon von weitem wird sie von den Weidetieren erkannt. Sie heben ihre Köpfe und manchmal laufen sie ihr sogar entgegen, um sie am Zaun zu begrüßen. Erst dann gönnt sich Paula eine Pause. „Das hier oben ist mein Fitnesstraining", sagt sie lächelnd und schnauft durch. Paula spielt Fußball beim SC Oberstdorf. Die Ferien auf der Einödsberg-Alpe sind sozusagen ihr Höhentraining. Das Pensum kann sich sehen lassen. Auf ihrem Handy hat sie eine App, die ihre Schritte zählt. 22.000 sind es an manchen Sommertagen, wenn sie zwischen Hütte und Weiden hin- und herspringt. Das entspricht etwa 15 Kilometern. Damit nicht genug: Über 1.000 Höhenmeter im Aufstieg legt sie dabei oft zurück. Zum Vergleich: Bei der Wegzeitberechnung für Wanderer wird im Schnitt von etwa 300 Bergauf-Höhenmetern pro Stunde ausgegangen.

Kein Wunder, dass ihre Oberschenkelmuskulatur selbst mit gestandenen Fußballern locker mithalten kann. Paula verbringt zum fünften Mal in Folge als Kleinhirtin sieben

Sommerwochen auf der Einödsberg-Alpe. Im Vorjahr standen gleich nach dem Alpsommer Steigerungsläufe im Fußball-Training auf dem Programm. Paula wurde Zweite in ihrer Mannschaft. Man muss dazu sagen, dass es sich um die männlichen B-Junioren handelte. Für ein Juniorinnen-Team fehlten weitere Spielerinnen. „Hier oben hab ich dafür immer genug Mädels um mich herum“, sagt Paula grinsend mit Blick auf die weiblichen Jungtiere. Für ihren Einsatz auf der Alpe bekommt die Schülerin, die nächstes Jahr den Realschulabschluss macht, einer alten Oberallgäuer Tradition folgend schon eine Woche vor Beginn der Sommerferien frei. Früher zogen die Kleinhirten und -hirtinnen sogar schon im Juni mit auf die Berghütten. Heute helfen laut Alpwirtschaftlichem Verein Allgäu pro Jahr um die 150 Buben und Mädchen auf den insgesamt 700 Alpen in der Region. Kost und Logis übernehmen die Älpler, die am Ende einer erfolgreichen Alpsaison auch ein Taschengeld, früher Sackgeld genannt, auszahlen. Zu den regionalen Besonderheiten zählt, dass die Helfer im Alter von zehn bis 16 Jahren eine Kleinhirtenprämie beantragen können, wenn sie mindestens vier Wochen lang auf einer Alpe im Geschäftsgebiet der Raiffeisenbank Kempten-Oberallgäu tätig sind. „Sie leisten einen wichtigen Beitrag für den Erhalt der Alpwirtschaft und unserer Tradition“, sagt der frühere AVA-Vorsitzende Franz Hage.

Meistens sind sie die Kinder von Älplerinnen und Älplern und begleiten ihre Eltern. So wie auf den Nachbarsalpen des Einödsbergs: der Buchrainer Alpe oder der Petersalpe. Doch es gibt auch für externe Jugendliche die Möglichkeit, sich den Herzenswunsch vom Sommer in den Bergen zu erfüllen. Paula ist dafür das beste Beispiel. Neugierig auf das Abenteuer wurde sie vor fünf Jahren. Vom Kleinhirten-Dasein hatte sie von einem Buben aus Oberstdorf gehört. Unerschrocken wie sie ist, dachte sich Paula: „Dann probier ich's halt auch aus." Das sei „mehr so eine Mutprobe" gewesen. 2018 durfte sie für eine Woche mit auf den Berg. Ihre Eltern musste sie nicht lange überzeugen. Die beiden kennen Patrick schon lange. Ihr Vater und der Älpler sind Jagdkameraden. Und auch von Patrick gab es keine Einwände. Vor einigen Jahren hatte er schon einmal eine Kleinhirtin dabei. „Das hat bestens gepasst."

Wichtiger als die Frage, ob Buben oder Mädchen, ist für ihn, dass sie gut mit den Tieren umgehen können, geschickt sind, sich gerne in der Natur bewegen und er seinen heranwachsenden Hirten voll und ganz vertrauen kann. Dass das nicht selbstverständlich ist, musste er im Laufe der Jahre bereits bitter erfahren. Einmal sagte ihm sein Bauchgefühl, dass ein Neuling es mit der Wahrheit wohl nicht so genau nimmt. Daraufhin machte Patrick die Probe aufs Exempel. Auf einen Zettel schrieb er ihm Ohrenmarken-Nummern von Tieren, die der Jugendliche auf einer entlegenen Weide kontrollieren sollte. Als er nach einer Stunde zurückkam, fragte ihn der Älpler, ob alle Tiere wohlauf sind.

„Jawoll, sind alle da", lautete die Antwort.

„Sicher?"

„Ja, ich hab sie alle gezählt."

Jetzt wusste Patrick sicher, dass er mit seinen Zweifeln an dem jungen Burschen recht gehabt hatte. Denn er hatte ihm drei erfundene Ohrmarken-Nummern auf dem Zettel untergejubelt …

„Da war ich richtig sauer", erzählt Patrick. Nach einem ordentlichen Donnerwetter gelobte der Kleinhirte Besserung – und bewährte sich im restlichen Alpsommer. Bei Paula würde es nie so weit kommen. Der Älpler und die Kleinhirtin sind ein eingespieltes Team. Anders wäre es auch nicht zu erklären, dass die 14-Jährige bereits zum wiederholten Mal ihre Sommerferien komplett auf der Einödsberg-Alpe verbringt. Nach ihrer erfolgreichen Schnupperwoche 2018 war ihr klar, dass sie wiederkommen würde. Zumal sie, anders als der eine oder andere Vorgänger, kein Heimweh verspürte. „Das hat man bloß, wenn man nicht in der Heimat ist. Und die Berge gehören zu meiner Heimat", sagt die Oberstdorferin, die von klein auf im Gebirge unterwegs ist. Dass dort auch Gefahren lauern, ist ihr bewusst. Doch das Risiko stuft sie für sich als einheimische Bergfex deutlich geringer ein als das für viele auswärtige Erwachsene. Das wurde der versierten Skifahrerin spätestens bewusst, als sie im Winter einmal bei einer Oberstdorfer Skischule aushalf: „Da kamen Leut an, die das Fellhorn runter fahren wollten – und noch nicht mal ihre Skischuhe schnallen konnten!" Paula hat Respekt vor den Bergen; niemals würde sie sich aus Nachlässigkeit in Gefahr begeben, aber sie weiß auch: Einen absoluten Schutz gibt es nicht. „Wenn wirklich einmal etwas sein sollte, ist es für mich ja nicht weit bis heim." Diese Nähe bleibt während der Alpsaison stets spürbar: Ihre Eltern kommen immer wieder am Wochenende auf den Einödsberg. Ihr Vater hat sogar seinen Kontrabass im Basislager stehen. „Es muss für alle Seiten passen, sonst klappt's nicht", sagt Patrick. „Mamalar", also Muttersöhnchen oder -töchter, behält er im Auge. Wenn er merkt, dass einem Kleinhirten die Trennung vom Elternhaus über mehrere Tage zu schaffen macht, schickt er ihn wieder nach Hause und vertröstet ihn aufs nächste Jahr. „Man kann hier oben alles lernen. Aber ein Mittel gegen Heimweh gibt's it."

Ähnlich sieht man es beim Alpwirtschaftlichen Verein. Obwohl es Anfragen sogar aus dem hohen Norden gibt, nehmen Älpler und Älplerinnen fast ausschließlich Interessenten aus der Region mit auf den Berg: „Deren Eltern können viel leichter zu Besuch kommen", sagt der frühere AVA-Vorsitzende Franz Hage. Der Alpsommer soll den Kleinhirten schließlich Spaß machen, ist Patrick überzeugt. „Auch wenn das hier oben kein Strandurlaub ist.“ Den erwartet Paula auch gar nicht. Im Gegenteil. Sie war zwar schon in Italien, Kroatien und zuletzt auch im Urlaub an der Ostsee. Aber so richtig warm wurde die Allgäuerin mit der Küste nicht. „Überall der Sand“, sagt sie kopfschüttelnd. „Des isch nix für mi.“

Auch Patrick hat so seine Schwierigkeiten mit Urlaub in fremden Gefilden. Seine bislang weiteste Reise führte ihn vor ein paar Jahren mit dem damaligen Kleinhirten Roman und dessen Familie nach Thailand. Zwei Wochen lang Sonne satt und traumhafte Strände – besser geht es nicht, sollte man meinen. Doch Patrick wurde eines Besseren belehrt. Die exotische Kulisse gefiel ihm zwar durchaus. Doch fürs süße Nichtstun ist ein Bergler wie er offenbar nicht geschaffen: „Nur umanand hocken pack i auf Dauer it.“ Vielleicht lag es aber auch daran, dass er die Reise in den Osterferien, noch vor Beginn der Alpsaison, unternommen hatte. „Da hat sich im Kopf schon alles um den Berg gedreht.“ Bei diesen Überlegungen geht es ihm nicht „nur“ um die Tiere: Während des Alpsommers übernimmt er auch die Verantwortung für „d'Kind“, wie er die Kleinhirtinnen und Kleinhirten fürsorglich nennt. Früher hatte er manchmal zwei und samt Schnupper-Kleinhirten sogar drei junge Helfer auf der Alpe, was die Lage mitunter etwas unübersichtlich machte. Mittlerweile nimmt er nur noch einen Kleinhirten oder eine Kleinhirtin mit. Wenn Paula allein zum Vieh aufbricht, hat sie immer ihr Handy für Notfälle oder kurze Absprachen dabei. Ansonsten bleibt es in der Hosentasche. Fernseher oder Laptop gibt es auf der Einödsberg-Alpe nicht. Für Unterhaltung sorgt die Natur. In ihren freien Stunden staunt Paula über den Flug des Steinadlers am Himmel, die akrobatischen Sprünge der

Gamsn am Fels, das bunte Treiben von Schmetterlingen und Libellen auf der Alpwiese und sie genießt dazu das Rauschen des Gebirgsbachs oder das Bimmeln der Weideschellen. Abwechslungsreich ist auch die Arbeit der Kleinhirtin: Sie kümmert sich um Brüni und Co. im Kälblestall, begleitet Patrick beim Haagen, bewacht das Vieh auf den Weiden, prüft die Gesundheit der Tiere, wobei sie besonderes Augenmerk auf die Klauen und Augen legt, oder hilft in der Hütte beim Kochen, Abwaschen oder Stubenfegen.

Auf einer Allgäuer Alpe wird geschätzt, wer nicht lang schwätzt, sondern anpackt und sich für keine Arbeit zu schade ist. Das ist nicht nur auf dem Einödsberg so. Felix, langjähriger Kleinhirte auf den Alpen Schönkahler und Scheidbach oberhalb von Pfronten im Ostallgäu, beschreibt es so: „Wir sind oben am Berg eine eingeschworene Gemeinschaft wie eine Familie." Deshalb war es für ihn zum Beispiel selbstverständlich, dass er das Älpler-Ehepaar Flori und Lisa Gögler bei der Versorgung ihres Nachwuchses entlastete. „Der Felix hat unserem Sohn sogar schon die Windeln gewechselt", erzählt Lisa Gögler schmunzelnd. Andersherum übernimmt eine Kleinhirtin wie Paula ohne Weiteres Aufgaben, die Kraft und technisches Geschick voraussetzen. Sie sieht Patrick als Chef, aber auch als Kumpel und Vorbild. Der Umgangston zwischen den beiden ist spaßig-locker. „Er behält immer die Ruhe", sagt sie über ihn und fügt schmunzelnd an: „Außer, wenn jemand etwas furchtbar verbockt."

Viele Jahrhunderte galt die Alpwirtschaft als „absolute Männerdomäne", wie es der Oberstdorfer Heimatforscher Eugen Thomma bei einem unserer Interviews kurz vor seinem Tod im Juni 2022 beschrieb. Eine ähnliche Darstellung findet sich im umfassenden Lehrbuch „Die Allgäuer Alpen. Land und Leute" des Allgäuer Museums- und Heimatpflegers

Max Förderreuther (1857-1933) aus dem Jahr 1908. Darin schreibt er über die Zusammensetzung auf den damals überwiegend zur Milch- und Käseproduktion genutzten Alpen im Allgäu:

„Die Bewohner der Sennhütte sind gewöhnlich vier männliche Personen: der Hirt, der Kleinhirt, der Obersenn und der Untersenn. Sennerinnen gibt es in unseren Bergen nicht; doch es kommt zuweilen vor, daß der Senn oder Hirt Weib und Kind mit auf die Alpe nimmt." Frauen im Berg waren also eher Ausnahme als Regel. Über ihr Wirken ist wenig bekannt. Ihre Arbeit stand im Schatten der Männer. (Ähnlich wie die Leistungen der damaligen Bergsteigerinnen. Während Männer ihre heroischen Gipfelstürme in Magazinen und Büchern beschrieben, blieben sie bei Frauen meist Teil des Privaten. Es fanden sich kaum Verlage oder Redaktionen – obwohl sie ebenfalls beeindruckende Leistungen vollbrachten. So wie die britische Alpinisten Lucy Walker, die 1871 als erste Frau auf das 4.478 Meter hoch gelegene Matterhorn stieg. Und zwar im Rock.)

Welche Leistungen Frauen in den Allgäuer Bergen und speziell in der Alpwirtschaft vollbrachten, lässt sich allenfalls erahnen. Ähnlich wie in vielen Anekdoten, Beschreibungen und Publikationen früherer Zeiten richtet auch Förderreuther seine Perspektive auf den Mann, wenn er über die Bewohner der Region schreibt:

„Große, gesunde und starke Leute findet man in unseren Bergen (...). Namentlich unter den Männern, die als Jäger oder Holzknechte, als Sennen oder Hirten zu Berge ziehen, erblickt man wahre Prachtgestalten und viele Beispiele erstaunlicher Körperkraft könnte man aufzählen: Wenn junge, zwanzigjährige Burschen eine Zentnerlast ohne sichtliche Beschwerden, ohne größere Rast auf bedeutende Höhen emportragen; wenn der Hirt einer Melkalpe alle Tage zweimal die Milch zur Sennalpe hinabschlittelt und dann Schlitten samt Milchfass auf den Schultern wieder hinaufschafft; wenn beim Umzug vom niedern zum obern Lager der Senn den schweren Kupferkessel über den Kopf stülpt und so auf steilen, rauhen Pfaden bergan steigt; wenn der Holzknecht fünf bis sechs gefällte Tannenriesen im Hornschlitten auf schlüpfriger Bahn lenkend und bremsend zu Tale schleift – so sind dies Leistungen, die ungewöhnliche Muskelkraft und Ausdauer erfordern.“

Leistungen von Frauen werden demgegenüber nicht eigens aufgeführt. Rein optisch sieht Förderreuther aber gewisse Parallelen zwischen Allgäuer und Allgäuerin, wenngleich diese nicht gerade schmeichelhaft ausfallen:

„Dass in der äußeren Erscheinung nicht bloß dem männlichen, sondern auch bei dem weiblichen Teile der Bevölkerung mehr das Derbe und das Herbe als Anmut und Schönheit zur Geltung kommt, ist in der rauhen, abhärtenden Beschäftigung begründet.“

Dass Frauen Alpen selbst bewirtschafteten, war in früheren Jahrhunderten wohl die Ausnahme oder fand zumindest kaum Erwähnung. Das änderte sich im 20. Jahrhundert. Während der beiden Weltkriege fehlten auch in der bayerischen Alpwirtschaft Männer. Dennoch wurde der Betrieb sichergestellt: „Dies war den Frauen und älteren Leuten zu verdanken, die auf den Almen und Alpen ‚die Stellung hielten‘. Wenn überhaupt, fiel der Alm-/Alpbestoß kriegsbedingt höchstens ein bis zwei Jahre (1944/1945) aus“, heißt es in der Dokumentation „Alm- und Alpwirtschaft in Bayern“ des Bayerischen Staatsministeriums für Ernährung, Landwirtschaft und Forsten. Doch wie kamen Frauen im Berg zurecht? Wie wurden sie von ihren Zeitgenossen wahrgenommen? Eine, die sich an die damalige Zeit erinnert, ist Lina Lackner. Die heute 88-Jährige steht auf dem Hof ihrer Familie im Oberallgäuer Akams noch immer im Stall. Jeden Morgen um 4.30 Uhr schlupft die Seniorin barfuß in ihre grünen Gummistiefel. Dann huscht die Bergbäuerin hinüber in den Stall, wo sie von zehn Kälbern bereits sehnlich erwartet wird. „Jetzt gibt es eure Milchi", begrüßt sie die hungrigen Jungtiere. Mit einem Nuckeleimer tränkt sie ein Kalb nach dem anderen, streicht ihnen aufmunternd über Kopf und Hals und redet ihnen gut zu. „Meine Kälble sind mir heilig", sagt die grauhaarige Altbäuerin mit den fröhlichen blauen Augen. Sie freut sich mit jedem Tier, das später auf die Alpweiden kommt.

Nach dem Tod ihres Mannes vor über 25 Jahren hat längst ihr Sohn Reinhold den Hof übernommen, doch Lina Lackner hilft noch immer mit in Stall und Garten, der nicht zu übersehen ist. Im Sommer blühen dort Hunderte von rot-violetten Flammenblumen. Wie viele andere Frauen ihrer Generation im Allgäu hat Lina Lackner ihr ganzes Leben in der Landwirtschaft verbracht. Ihre Eltern bewirtschafteten einen Hof in Gunzesried im Oberallgäu und betrieben mehrere Jahre eine Sennalpe auf 1.300 Metern Höhe. Dort ging Lina Lackner als junge Frau ihrem Vater zur Hand.

Als Hirtin und Hauswirtschafterin. „Man hat zusammen geschafft. Jeder an seinem Platz. Da sind nicht viele Worte gefallen", bringt sie es auf den Punkt. Zu ihren Aufgaben gehörte morgens um 4 Uhr das „Buttre", also die Herstellung der Butter in der Sennküche. „I bin allad früh aufg'stande, mei ganz Leben lang", sagt sie lachend. Von Kindesbeinen an hatte sie einen engen Bezug zu den Tieren, denen sie sich bis heute liebevoll nähert. Einmal rettete sie mit ihrem Bruder auf der Alpe einen verunglückten Stier aus einem Felsvorsprung. Wochenlang pflegte sie den geschockten „Molla"

Die frühere Alphirtin Lina Lackner versorgt mit 88 Jahren noch immer die Kälble auf dem Hof ihres Sohnes in Akams.

Lina Lackner mit Vater und Kranzrind beim Viehscheid in den 1950er Jahren in Gunzesried. Foto: Familie Lackner namens Max und seine offenen Wunden mit einem Sud aus Kräutern (Krampfkraut, wilde Kamille, Holderblüte und Johanniskraut). „Danach war der brav wie a Hündle. Der isch mir d' ganz Sommer überall na gfolgt", erinnert sie sich. Auch mit den Rössern konnte Lina Lackner umgehen. Im Herbst brachte sie Mitte der 1950er Jahre den Sennalpkäs mit dem Pferdewagen von Gunzesried bis zum Großhändler nach Sonthofen. Bis zu 25 Laib lud sie auf. Allein für den Hinweg brauchte sie fast drei Stunden. „Das kann man sich heute nicht mehr vorstellen", erinnert sie sich kopfschüttelnd an ihre Älplerinnenzeit.

„Frauen haben im Berg genauso geschafft wie die Männer", sagt Franz Hage, Vorsitzender des Alpwirtschaftlichen Vereins Allgäu. Er muss es wissen: Als Kleinhirte schuftete er in den 1960er Jahren auf der Alpe Vorderkrumbach auf 1.376 Meter Höhe im heutigen Naturpark Nagelfluhkette, die nach dem Tod des damaligen Älplers von dessen Frau und der gemeinsamen Tochter bewirtschaftet wurde. „Man hat kein großes Ding daraus gemacht", erinnert sich Hage an die damalige Konstellation.

Ohne Not, sondern aus Leidenschaft bewirtschaften derweil die Lackner-Schwestern Rosi und Gerlinde seit über 35 Jahren die Alpe Schwanden am Mittagberg bei Immenstadt. Die Töchter von Lina Lackner wurden von ihrer Mutter schon in der Kindheit mit dem im Allgäu vielzitierten „Älplervirus" infiziert. Als Kleinhirtinnen verbrachten sie einige Sommer in den Bergen, ehe sie ihre für damalige Verhältnisse ungewöhnliche Idee umsetzten und im Alter von 20 beziehungsweise 17 Jahren Älplerinnen auf 1.258 Metern Höhe wurden. Anfangs stand das Duo unter besonderer Beobachtung. Ob diese Frauenwirtschaft im Gebirge wohl gut geht? Ob zwei Frauen allein der harten Arbeit und der Abgeschie-

In den Sommerferien zieht es Paula hinauf zum Einödsberg. Dort kann sie am besten abschalten. Foto: Ralf Lienert

denheit fernab vom nächsten Dorf gewachsen sind? Darüber wurde von den einen skeptisch, von anderen wohlwollend spekuliert. Ein bisschen Sorge um seine Mädels auf der Alpe hatte ihr Vater. Zum Schutz vor ungebetenen Gästen schickte er ihnen einen Sennenhund als Bewacher mit ... Doch dessen Hilfe brauchten die Lackner-Schwestern zum Glück nie.

Ihr Erfolgsrezept? Statt auf Spezialistentum setzen sie auf das Rotationsprinzip, wie man in den Firmen drunten im Tal sagen würde. Bei den Lackners heißt es schlicht: „Heut mach i, morgen sie." Sie wechseln sich bei allen Arbeiten ab. Dazu zählt neben der Pflege des ihnen anvertrauten Pensionsviehs auch die Bewirtung von Ausflüglern: Brotzeitplatten werden hergerichtet, Kuchen gebacken und die Gäste bei Laune gehalten. „Die eine Hand weiß immer, was die andere macht", sagen die Schwestern, deren Alpe auf dem Mittagberg 2020 von der Raiffeisenbank saniert wurde. Unterstützt werden die beiden Allgäuer Powerfrauen von ihren Männern, die für schwere Arbeiten, beispielsweise zum Sägen, nach oben zur Hilfe kommen.

Ob Kleinhirtin Paula eines Tages auch zur Älplerin wird? Reizen würde sie es schon. Doch noch ist das alles weit weg. Wenn der Alpsommer endet, will sie erst einmal ihren Realschulabschluss machen und danach eine Lehre anfangen. Vielleicht in einer Schreinerei. Für Holz begeistert sie sich spätestens, seit sie in ihrem ersten Jahr am Einödsberg mit dem Schnitzen begann. Egal wie sie sich entscheiden wird und welchen Weg sie einschlägt, eines wird sie immer prägen: die Erfahrungen, die sie als Kleinhirtin im Allgäuer Hochgebirge sammelte. „Davon will ich keinen Tag missen." An die Zeit auf der Alpe und ihre vollbrachten Leistungen wird sie sich später erinnern wie Sportler an ihre aktive Karriere: Nur dass keine Pokale in ihrem Regal stehen werden, sondern handgefertigte Kuhschellen, die Kleinhirtinnen und Kleinhirten zum Abschluss einer Alpsaison von ihren Älplern erhalten. In den Augen der Nachwuchshirten sind die Trophäen ähnlich wertvoll wie eine WM-Medaille.

Patrick genießt die Morgensonne auf der Grathütte.

Ein Schwendfeuer muss stets im Blick behalten werden. Foto: Jasmin Pommer

Rauhaardackel Luggi genießt die Aussicht in Paulas Rucksack. Foto: Paula Huber

6. Sommertag am Grat

Es gibt Tage, die empfangen einen wie ein Glückskind. Patrick öffnet die obere Falle der Hüttentür und blinzelt in die Morgensonne. Es ist kurz vor sechs Uhr in der Früh an einem Augusttag auf der knapp 2.000 Meter hoch gelegenen Grathütte. Vor 17 Tagen sind Patrick und Paula in das spartanische Quartier gezogen. Gleich steht auch die fleißige Kleinhirtin auf. Drunten im Tal hängt noch der Nebel über Wiesen und Wäldern. Durch das offene Fenster dringt kühle Luft in die Hütte. Die Glut im Ofen ist nahezu erkaltet. Selbst jetzt im Hochsommer sind die Nächte zapfig.

Die Temperaturen sinken auf fünf Grad. Natürliches Brennholz finden Patrick und Paula rund um die Grathütte keines. Sie liegt oberhalb der Waldgrenze. Stattdessen setzen die beiden auf Recycling. Sie sammeln und zersägen ausrangierte Zaunpfähle von den Weiden und nutzen sie zum „Fuira“. Das Leben am Grat ist auf das Notwendigste beschränkt. Dusche und Toilette gibt es dort oben nicht. Der Strom, den die Photovoltaik-Anlage außen an der Hütte produziert, wird benötigt für den Betrieb der Wasserpumpe und am Abend für die Glühbirne, mit der die kleine Stube erhellt wird. Ihre Handys laden Patrick und Paula mit solarbetriebenen Powerbanks.

Trinkwasser holen sie mit einem 20-Liter-Kanister vom Wasserhahn vor der Hütte. Die Wasseranlage ist die Lebensader der Hütte: Durch ihre Schläuche fließt das kostbare Nass, das aus einer tiefer gelegenen Quelle rund 100 Höhenmeter nach oben befördert wird. Das Wasser wird in einer Wasserreserve gesammelt, um die zwei Brunnen vor der Hütte fürs Vieh zu füllen. „Ohne diese Technik würde es hier nicht gehen", sagt Patrick, als er sich vor der Hütte mit Wasser erfrischt und die Zähne putzt. Die Sonnenstrahlen kündigen einen warmen Sommertag an. Und da gibt's für Patrick kein Halten: „Kurze Hose a und 'naus beim Loch", lautet seine Tageslosung. Und schon stapft er los. Sein Morgenrundgang führt ihn zum Vieh, das ein paar Gehminuten von der Hütte entfernt weidet. Frischer Tau hängt an Blumen, Gräsern und Spinnweben und glitzert im Sonnenlicht. Die Luft ist frisch.

Von den Rücken der Schumpen und aus ihren Mäulern steigt Dampf auf. Noch ist die Kraft der Sonne nicht voll entfaltet. Doch im Lauf des Vormittags werden die Temperaturen steigen und am Mittag auf über 25 Grad klettern. Wärmer wird es auf den höchstgelegenen Weiden der Einödsberg-Alpe nie. Patrick kontrolliert die Anzahl der Tiere, die teils noch dösend am Boden liegen oder bereits friedlich grasen. Das Bimmeln der Schellen ist das einzige Geräusch weit und breit. Auf den Gipfeln der umliegenden Berge liegt noch Schatten. Wie stumme Zeugen ragen sie in den Himmel. Patrick streckt seinen Kopf, um jedes einzelne Tier erspähen zu können. Eine ganze Weile steht er stumm am Zaun und mustert jedes Rind. „Alle da", sagt er schließlich gut gelaunt, „alle gesund und munter." Mitte Juli hat Patrick mit Paula und dem Vieh das Basislager, also die Hintere Einödsberg-Alpe, verlassen, um noch weiter hinaufzuziehen. In den Hochlagen stehen die Bergwiesen mit all ihren Gräsern, Blumen und Kräutern in vollem Saft. Die Weideflächen befinden sich auf Mergelstein, einer Gesteinsart, die das beste Futter im Alpenraum garantiert. Doch anders als im Tal gleicht in den Hochlagen kein Meter dem anderen. Vielmehr stellen die Weideflächen eine komplexe Landschaft dar. Dazu kommen die äußeren Einflüsse. Sonne, Regen, Kälte oder die Beschaffenheit der Schneedecke im Winter und Frühling: All das wirkt sich auf das Weide-Wachstum aus und macht jeden Sommer unvergleichlich. Auch für die Tiere gibt es keine Standardlösungen im Berg, erzählt Patrick: „Ich muss ständig schauen, wie das Vieh mit den Bedingungen zurechtkommt. Wie alt und trittsicher ist welches Tier? Kann ich es mit zum Grat nehmen oder soll ich es lieber auf den Weiden weiter unten lassen?"

Knifflige Fragen wie diese beschäftigen ihn täglich. Sie müssen sorgfältig beantwortet sein, bevor er mit den Tieren auf die nächste Weide zieht. Deshalb sinniert Patrick an manchen Tagen konzentriert wie ein Schachspieler über alle Szenarien und Einflussfaktoren. Denn er weiß: Jeder Zug kann der falsche sein. „Dann fahren die Gedanken Arbeitskarussell. Oft bis spät am Abend", sagt Patrick. Doch heute dürfen sie ausnahmsweise pausieren. Es ist alles angerichtet für einen perfekten Sommertag. Keine einzige Wolke zeigt sich am Himmel. Den Vormittag will Patrick zum Schwenden nutzen. Paula freut sich schon darauf. Es ist ihre Lieblingsarbeit: „Es gibt nichts Schöneres, als wenn der Bichl brennt!", sagt sie lachend.

Doch ehe Flammen am Berg lodern und meterhohe Rauchsäulen aufsteigen, müssen die beiden mit Boschenschere und Motorsäge ausrücken, um kleine Bäume, Zwergsträucher und Gebüsch von den Weideflächen zu entfernen. Anders als bei der Rodung bleiben beim Schwenden Baumstümpfe und Wurzelwerk auf der Fläche. Das entfernte Grünzeug wird auf einem großen Haufen zusammengetragen und angezündet. Feuermachen ist im Naturschutzgebiet Allgäuer Hochalpen zwar grundsätzlich verboten. Eine Ausnahme sind jedoch die Schwendfeuer, auch Mottfeuer, in der Alp- und Forstwirtschaft. Doch auch hier gibt es klare Regeln, die sich im Behördendeutsch dann so lesen: „Eine Erforderlichkeit für das Verbrennen ist in der Regel nur dann gegeben“, heißt es in einer Mitteilung des Landkreis Oberallgäu, „wenn das Verbringen zu geeigneten Verwertungsanlagen oder Sammelstellen wegen schlechter Erreichbarkeit der Anfallsstelle nicht möglich oder nicht zumutbar ist.“ Das trifft für eine Alpe in knapp 2.000 Metern Höhe fraglos zu …

Doch bevor Patrick zum Streichholz greift, zückt er das Handy. Er kündigt das geplante Feuer bei der Integrierten Leitstelle Allgäu an. Sie bietet seit 2021 ein digitales Anmeldesystem an, in dem der Älpler auf einer Luftbild-Aufnahme den Standort des geplanten Feuers eingibt. So wird verhindert, dass die Feuerwehr ausrücken muss, falls sie beispielsweise von Wanderern wegen der Rauchsäule alarmiert wird. Das Schwendfeuer muss ständig beaufsichtigt und darf nur mit einem Sicherheitsabstand von 100 Metern auf Gebäude oder 25 Metern zu leicht entzündbaren Stoffen entfacht werden. Dem Schwenden wird in der Alpwirtschaft seit jeher große Bedeutung zugemessen.

Das verdeutlicht ein Lehrsatz, den ein früherer Alminspektor aus Österreich 1951 in einer Fachzeitschrift zitierte:

„Wenn du schwendest, schwende recht,
schicke keinen schlechten Knecht,
wähle deinen besten aus,
dann bringst du schönes Vieh nach Haus.“

Schwenden, das sich von „schwinden lassen" ableitet, bezeichnet die Pflege der Weidefläche, die ohne diese Maßnahme innerhalb von kurzer Zeit von Büschen, aufkommenden Bäumen oder Unkraut überwuchert würde. Am Einödsberg droht vor allem die rasante Ausbreitung der Grünerle, die die pflanzliche Artenvielfalt auf freier Weide gefährdet.

Im Oberstdorfer Dialekt wird sie Druse genannt, womit die Bedeutung des nahegelegenen Drusenkopfs geklärt wäre. Der Grünerle völlig den Garaus zu machen hätte allerdings keinen Sinn: Im Rutschgelände ist sie willkommen, da sie der Bodenbefestigung dient. Wie so oft in der Alpwirtschaft ist also auch beim Thema Schwenden Augenmaß und eine genaue Kenntnis der Boden- und Klimaverhältnisse gefordert.

Darüber hinaus dürfen die zeitlichen Abstände nicht zu groß sein. „Wenn man nicht regelmäßig schwendet, droht ruckzuck Weidefläche zu verschwinden", bringt es Patrick auf den Punkt. Auch das Landschaftsbild würde sich ändern. Die über Jahrhunderte gepflegte Kulturlandschaft mit ihren offenen Bergwiesen in den Allgäuer Alpen würde zuwachsen. „Dann könnten wir uns bald Schwarzwald zwei nennen", sagt Patrick. Auch in anderen Alpenländern ist das Problem bekannt. So rechnet beispielsweise die Landwirtschaftskammer Steiermark vor, dass ohne Schwenden jedes Jahr 1.000 Hektar der Almflächen in dem österreichischen Bundesland verbuschen würden.

Um das zu verhindern, organisieren Kammer und Almwirtschaftsverein dort mittlerweile Aktionstage, an denen Freiwillige die Alphirten beim anstrengenden und zeitraubenden „Weideputz" unterstützen. Die Idee gefällt Patrick. Doch auf den Einödsberg übertragen lässt sie sich nicht. Dort geht es ja gerade darum, kontinuierlich die Bergwiesen vor Überwucherung zu schützen und nicht nur an einzelnen Tagen.

Auch für die ertraglosen Flächen, in denen sich Biotope von hohem Naturschutzwert bilden, trägt ein Alphirte wie er die Verantwortung. Der Einödsberg zählt bundesweit zu den ökologisch besonders herausragenden Alpen und erstaunt selbst Wissenschaftler. Und das erfüllt Patrick mit Stolz.

Am späten Nachmittag des traumhaften Sommertages gönnt er sich nach getaner Arbeit mit Paula zusammen eine Pause. Das Schwendfeuer ist längst erloschen, als sie auf dem Bänkle vor der Grathütte die letzten Sonnenstrahlen genießen. Hans, ein Freund und Zimmerer-Arbeitskollege von Patrick, ist ebenfalls nüüf gekommen. Er hilft in diesem Sommer, sooft es geht, auf dem Einödsberg und erweist sich in jeglicher Hinsicht als Teamplayer.

Hans packt überall mit an und greift nach Feierabend ebenso gern zu den Karten wie Patrick und Paula. Die drei können sich stundenlang mit Sechsundsechzig oder Wizzard, einem Stichspiel, bei dem Wahrscheinlichkeiten die Strategie bestimmen, die Zeit vertreiben. Volle Aufmerksamkeit ist immer garantiert, obwohl sie nie um Geld spielen. Der Einsatz besteht vielmehr aus Dienstleistungen. Wer verliert, muss zum Beispiel den Abwasch übernehmen, die Hütte fegen oder noch einmal nach den Tieren auf der Weide schauen. Wer diese Aufgaben besonders häufig aufgebrummt bekommt? Diese Frage lässt sich nicht abschließend klären. Je nach Gesprächspartner gehen die Meinungen doch ziemlich stark auseinander …

Vor wenigen Tagen gab es noch einen weiteren Gast auf der Grathütte, der besonders Paulas Herz höherschlagen ließ: der süße Luggi mit seinen unschuldigen dunklen Augen. Kaum lief er auf sie zu, drückte und herzte die Kleinhirtin ihn auch schon innig. „Man kann ihm einfach nicht widerstehen“, sagt sie lachend. Luggi ist der Rauhaardackel von Paulas

Familie. Ihr Vater brachte ihn bei einer Wanderung mit auf den Berg, um seiner Tochter eine Freude zu machen. Und die war mehr als gelungen. Paula startete umgehend ein Ausflugsprogramm für ihren tierischen Freund, dem sie einen Ehrenplatz im oberen Teil ihres Rucksacks verschaffte: Neugierig hechelnd linste der kleine Hund über ihre Schultern hinweg ins Alpenpanorama. Ein Anblick, den er sichtlich genoss. Sein Kommentar: „Wow." Oder besser gesagt: „Wau!"

Am Grat erlebte Patrick schon so manche Überraschung.
Foto: Henry M. Linder

7. Unbekannte Flugobjekte

Ein Tag auf der Alpe steckt voller Überraschungen. Die größte davon erlebte Patrick vor ein paar Jahren. Er traute seinen Augen kaum, als drei zunächst unbekannte Flugobjekte den Himmel über ihm verdunkelten und ihre Schatten warfen. „Das war der Hammer", erinnert er sich an jenen Vorfall, der sich bald aufklären sollte. Über seinem Kopf schwebten riesige Tiere, mit denen er wahrlich nicht rechnen konnte: Bartgeier zählen zu den seltensten Vögeln in Europa. Mit einer Flügelspannweite von 2,90 Metern gehören sie zu den größten flugfähigen Vögeln der Welt. In Deutschland wurde der Bartgeier vor mehr als 100 Jahren ausgerottet. Doch mittlerweile trägt ein internationales Gemeinschaftsprojekt zur Wiederansiedlung Früchte. Die „Ufos" über der Einödsberg-Alpe stammten vermutlich von einem Bartgeier-Horst im benachbarten Lechtal in Tirol.

Ob sich die Flugriesen, die ihren Namen den nach untenstehenden schwarzen Federn über den Schnäbeln verdanken, eines Tages auch am Einödsberg ansiedeln, steht in den Sternen. Es wäre ein weiteres i-Tüpfelchen für das Alpgebiet, das eine beeindruckende Vielfalt aufweist: 1.271 Arten wiesen Forscher im Rahmen des interdisziplinären Projekts Einödsberg von 2003 bis 2008 auf dem 100 Hektar umfassenden Gebiet nach. Sie entdeckten 647 Gefäßpflanzen- und 624 Tierarten. Die Palette im Bereich der Tiere reicht von Steinadlern über Gamsn, Rothirsche, Schneehasen oder Kreuzottern bis hin zu wirbellosen Tieren wie Schmetterlingen, Spinnen, Laufkäfern, Tausendfüßlern, Ameisen oder Milben. Einige davon stehen auf der Roten Liste der gefährdeten Tierarten.

Auch im Bereich der Pflanzen wartet der Einödsberg mit einer schier unfassbaren Fülle auf, die das Herz eines jeden Hobby-Gärtners oder -Botanikers höherschlagen lässt: Silberdistel, Bayerischer Enzian, Alpen-Wiesen-Klee, Johanniskraut, Bärlauch, Minze, Alpen-Thymian, Berg-Baldrian, Alpen-Vergissmeinnicht, Zwerg-Wacholder, Wiesen-Kümmel, Preiselbeere, Huflattich gehören genauso dazu wie weniger bekannte Arten à la Berg-Nelkenwurz, Sternhaarige Zwerg-Gänsekresse oder Karpaten-Moor-Birke. Die Auszeichnung für den schönsten Namen geht freilich an den Berg-Ehrenpreis. Diese klangvolle Bezeichnung trägt eine krautig-grüne Pflanze, die über eine unprätentiöse blasslila gefärbte Blumenkrone verfügt. Sie wächst 15 bis 45 Zentimeter hoch und wird der Familie der Wegerichgewächse zugeordnet. Nicht-Botaniker würden dem Berg-Ehrenpreis in einem ersten Reflex wohl eher den Ehrenpreis für Unscheinbarkeit zuerkennen. Aber das geht an der Sache vorbei. Alle Arten haben – unabhängig von ihrer optischen oder ästhetischen Wirkung auf uns Menschen – einen funktionellen Wert im Ökosystem, betont Dr. Hubert Höfer. Der Diplom-Biologe ist Hauptkonservator und Abteilungsleiter der Biowissenschaften am Staatlichen Museum für Naturkunde in Karlsruhe und war maßgeblich an den Untersuchungen am Einödsberg beteiligt. Der Schutz jeglicher Arten sollte uns seiner Meinung nach im Zeitalter des Klimawandels am Herzen liegen. Denn: „Arten-

Am Einödsberg sagen sich nicht nur Fuchs und Has gute Nacht. Der Berg erstaunt mit seinem Tier- und Pflanzenreichtum.
Foto: Jasmin Pommer

reiche Systeme sind gegen Veränderungen besser gepuffert und reaktionsfähig." Um den im Volksmund auch Blumenberg genannten Einödsberg in seiner heutigen Form zu erhalten, empfiehlt Dr. Höfer die Nutzung der Weideflächen mit geringem Eingriff in die Natur. Also genau jene Form von Alpwirtschaft, die Patrick mit Jungrindern betreibt. „Wichtig wäre, eine extensive Nutzung weiter zu gewährleisten, um den offenen Charakter der Alpe und die daran gebundenen typischen Arten zu erhalten. Extensive Nutzung durch Beweidung oder Mahd führt auf der Grundlage der kleinräumigen geologischen, pedologischen (bodenkundlichen, Anm. d. Verfassers) und klimatischen Bedingungen zu einem Mosaik unterschiedlicher Kleinlebensräume, das besonders wichtig für die Artenvielfalt und die Reaktionsfähigkeit des Ökosystems ist.“ Nicht gut getan hat dem Einödsberg dagegen eine intensive Beweidung mit Schafen. Über 1.000 Schafe hatte ein Schäfer jahrzehntelang bis Ende der 1990er Jahre auf den Berg getrieben. Die Folgen waren unübersehbar: „Die langjährige intensive Beweidung hat sicher die Artenzahlen im Gebiet und einige Arten in ihrer Häufigkeit negativ beeinflusst“, urteilt Dr. Höfer in der Dokumentation „Willkommen in den Allgäuer Hochalpen“. Fotos von damals zeigen schlammig-verdreckte Flächen. „Das Gebiet war in einem traurigen Zustand“, erinnert sich Manfred Kurrle, Gründer der Naturschutzstiftung Allgäuer Hochalpen, auf deren Gebiet die Einödsberg-Alpe liegt. Der 86-jährige Unternehmer, der früher eine Haustechnik-Firma mit 200 Mitarbeitern führte und später eine Wohnbaugesellschaft aufbaute, sieht es als seine Aufgabe, „die traditionelle Alpwirtschaft und die dadurch entstandene Kulturlandschaft für alle Zeit zu erhalten“. Die Stiftung bezeichnet er als sein Lebenswerk: „Gerade, wenn man auf ein erfolgreiches und erfülltes Leben zurückblicken darf, wächst der Wunsch, der Gesellschaft etwas zurückzugeben“, sagt Manfred Kurrle, der vom Bayerischen Landtag für seinen Einsatz mit dem Verfassungsorden geehrt wurde. Glücklich fühlt er sich jedes Mal, wenn er auf dem Gebiet der Stiftung unterwegs ist. „Erstens ist es ein herrlicher Flecken Erde“, sagt er und fügt lächelnd an: „Und zweitens hält mich die Arbeit an der frischen Bergluft fit.“ Besonders stolz ist er auf die Entwicklung am Einödsberg.

Dort schimmern die einstmals überdüngten Weiden wieder in sanftem Grün. Wer sich auf ihnen niederlässt, genießt den Blick auf ein farbenfrohes Pflanzen-Potpourri. Dazu trägt auch eine Armada von fleißigen Helfern bei: Zigtausende Bienen summen über den Weideflächen. Möglich macht es ein besonderes Projekt auf dem Gebiet der Naturschutzstiftung

Allgäuer Hochalpen. Berufsimker Franz Navratil aus Altusried-Krugzell brachte im Mai 2018 erstmals Bienenstöcke ins Gebirge. Mittlerweile haben etwa 20 Völker mit jeweils etwa 60.000 Bienen einen Sommerstandort in der Birgsau. Zudem gibt es eine Begattungsstelle für Jungvölker an der Breitengehren-Alpe, erzählt Markus Würz von der Imkerei-Gaststätte „Der Bienenkorb“ in Blaichach.

Nach ihren Blüteflügen im Frühjahr im Tal erleben die Bienen sozusagen ihren zweiten Frühling in den Bergen, wenn sie in ihr Sommerdomizil gebracht werden. „Die Vegetation ist in der Höhe ja erst ab Mai so weit, dass Bienen von Blüte zu Blüte fliegen können, um Pollen und Nektar zu sammeln“, sagt Navratil. „Wenn sie neu am Berg sind, steuern sie wissbegierig Pflanzen an, die sie bis dato gar nicht kannten.“ Dazu zählt beispielsweise die Alpenrose am Einödsberg.

Sie verleiht dem Geschmack des seither gewonnenen Gebirgsblütenhonigs ein besonderes Aroma. Obendrein belebt der Besatz die Pflanzenwelt. Bei ihren Flügen von Blüte zu Blüte optimieren die Berg-Bienen die Bestäubung, für die in Höhenlagen ansonsten vorwiegend der Wind oder Bestäubungsinsekten wie Hummeln oder Schmetterlinge sorgen. Die Bergluft wirkt sich bei Maja und Co. übrigens auch auf den Tatendrang aus, hat Navratil beobachtet. „Sie fliegen schon um sechs Uhr morgens aus. Zu dieser Uhrzeit schlafen sie im Tal für gewöhnlich noch.“ Ähnlich wie die Rinder werden auch die Bienen nach ihrem Alpsommer im September wieder ins Tal gebracht.

Der Aufwand ist groß. Doch wenn die beteiligten Imker im Sommer das Summen der Berg-Bienen vernehmen, die Blütenpracht auf den Weiden bewundern und später ihren Gebirgsblütenhonig probieren, wissen sie, dass sich jede Arbeitsstunde in den Hochlagen gelohnt hat.

Käsen wie vor 100 Jahren: In der historischen Sennküche der Buchrainer Alpe fühlt sich Christine Gentner früheren Generationen nah. Fotos: Naturschutzstiftung Allgäuer Hochalpen

Winter-Idylle an der Buchrainer Alpe.

8. Sennalpkäs und Wintergeister

Der Allgäuer gilt zwar gemeinhin als recht einsilbig. Doch auch er hat ein natürliches Bedürfnis nach Unterhaltung. Das lebt er beim „Huigarte“ aus. Darunter versteht man einen gemütlichen Ratsch, zu dem sich Dorfbewohner oder Nachbarn nach getaner Arbeit zusammensetzen. Sie treffen sich auf einem Bänkle am Dorfanger, in der Stube oder eben tatsächlich im „Garten eines Heims“, wo das Wort wohl seinen Ursprung hat. Ab und zu, wenn es die Arbeit zulässt, steht auch Patrick der Sinn nach einem „Huigarte“. Dann marschiert er mit Paula eine gute Stunde von der Grathütte bis zu seinen Nachbarn auf die tiefergelegene Buchrainer Alpe, wie er erzählt. „A bissle Abwechslung schadet it“, sagt er schmunzelnd. Die denkmalgeschützte Sennalpe auf 1.129 Metern Höhe wird seit über 20 Jahren vom Ehepaar Andreas und Christine Gentner bewirtschaftet. Dort gibt es gute Gespräche und obendrein Kaffee, Kuchen und „an sauguata Käs“, für den Patrick sogar noch viele Kilometer weiter gehen würde.

Die Alpe ist auch für Besucher geöffnet. An Sommertagen lassen sich Dutzende Wanderer oder Radler unter aufgespannten Sonnenschirmen an den Holztischen nieder und genießen bei einer Brotzeit den malerischen Blick auf das Allgäuer Dreigestirn: Trettach, Mädelegabel und Hochfrottspitze. Anders als an den Steilhängen der Einödsberg-Alpe kann auf der Buchrainer-Alpe nicht nur Jungvieh gehalten werden: 17 Milchkühe, die allesamt Hörner tragen, ermöglichen die Käseherstellung. Die Tiere verbringen Tag und Nacht auf den Alpweiden, wo sie feinste Gräser und Kräuter verschlingen. Nur zum Melken werden sie in den kleinen Stall neben der Alpe gebracht. Aus ihrer hochwertigen und gesunden Milch wird der Sennalpen-Bergkäse gewonnen. Dass er auf der Buchrainer Alpe unvergleichlich schmeckt, dafür sorgt Christine Gentner: Sie ist eine der wenigen Sennerinnen im Allgäu. Und sie ist mit einem besonderen Erfahrungsschatz ausgestattet: Schon als Kind half sie ihrem Vater, der über 50 Jahre lang die nahegelegene Sennalpe Breitengehren bewirtschaftete. „Griaß' dena", empfängt sie Patrick und Paula mit einem heiteren Lachen in der Stube des urigen Kleinods, wo die Gäste ihre Bestellung aufgeben. Die Gentners freuen sich über jeden Besucher. Ihnen ist es ein Bedürfnis, den Gästen die Alpwirtschaft näherzubringen. „Wir wollen, dass die Leute reinschauen, sich umschauen, teilhaben und die Geschichte spüren", beschreibt Christine das Selbstverständnis des Ehepaars.

Auch ihre vier Kinder verbringen den Sommer auf der historischen Alpe mit ihrer über 300-jährigen Geschichte. „Unsere Beziehung zu diesem Ort ist sehr intensiv", sagt Christine. „Von der Buchrainer Alpe geht eine besondere Aura aus. Wenn man hier oben ist, fühlt man sich den früheren Generation ganz nah. Man denkt daran, unter welchen harten Bedingungen sie gelebt, und dass sie dennoch nie gejammert haben. Das macht einen demütig." Diese Verwurzlung spürt sie jeden Tag, wenn sie zur Arbeit schreitet. Die Buchrainer Alpe ist eine der letzten Alpsennereien im Allgäu, in der der Käse im glänzenden Kupferkessel über offenem Feuer hergestellt wird.

Hinter
Einöds

„Wir käsen wie vor 100 Jahren", sagt Christine stolz. Wenn es nach ihr ginge, soll das auch so bleiben. Doch über kurz oder lang, befürchtet sie, könnte das Feuer wegen bürokratischer Vorgaben buchstäblich erlöschen. Noch genießt die Alpe von den Behörden einen Bestandsschutz für die historische Sennküche. „Aber auf lange Sicht müssen wir wohl damit rechnen, dass umgebaut werden muss", sagt Christine. Notgedrungen würde sie diesen Schritt mitgehen. Hauptsache, sie kann weiter ihren Käse herstellen. So wie sie es auch an diesem Morgen getan hat. In kundiger Handarbeit führte sie Rohmilch, Lab und eigene Käsekulturen zusammen, um daraus einen Laib Alpbergkäse zu gewinnen, der anfangs um die 20 bis 25 Kilogramm wiegt. Wenn der Käse gepresst ist, liegt er zwei Tage in Salzlake. Danach tragen ihn die Gentners in den kühlen Reifekeller unter der Hütte. Dort lagern die mächtigen Laibe dicht auf dicht in den Regalen und bekommen reichlich Zeit, um ihren einzigartigen Geschmack zu entwickeln.

Der Bergkäse auf der Buchrainer Alpe reift mindestens drei Monate. Sein volles, würziges Aroma entfaltet er nach einem Jahr Reifezeit. „Man braucht eine gute Beobachtungsgabe", erzählt Christine, wenn man sie auf ihr Erfolgsrezept anspricht. Jeder Tag ist anders. Das spiegelt sich auch in der Milch wider. So wirken sich das Wetter oder der jeweilige Weideplatz der Kühe auf ihre Konsistenz aus. Ein Beispiel: Die abends gemolkene Milch bleibt auf der Buchrainer Alpe über Nacht in einem Holzbottich. Wenn die Temperaturen warm sind, bedeutet das eine höhere Reifung. Das wiederum verkürzt die Käsezeit. Und umgekehrt. Zahlreiche weitere Einflussfaktoren hat sie stets im Blick. „Man muss ständig reagieren. Dazu braucht man Erfahrung und Gefühl", verrät Christine, die während der Alpsaison pro Tag einen Laib Käse fertigt. „Jeder davon ist ein Unikat", zitiert sie eine alte Sennweisheit. Allgäuer Sennalpenkäse ist ein Naturprodukt, das in besonderem Maße für die Region steht und mit ihr verbunden ist. So wie der Champagner mit der französischen Champagne. Der Vergleich kommt nicht von ungefähr: Genau wie Champagner ist auch der Allgäuer Sennalpenkäse europaweit geschützt. Die Europäische Kommission hat 2016 für den Namen das EU-Gütezeichen „geschützte Ursprungsbezeichnung" vergeben. Er muss aus dem Allgäu kommen. Genau wie der Allgäuer Emmentaler und der pikant-scharfe Weißlacker. Manchmal kann Bürokratie auch Gutes bewirken, findet Christine Gentner mit Blick auf die Käse-Transparenz. Zustimmung kommt von Patrick, der seine Einstellung in einem Satz zusammenfasst: „Allgäuer Sennalpkäs ka ma it kopiera!"

Die Aktivitäten in der Sennküche der Buchrainer Alpe schätzen nicht nur Besucher und Kunden. Auch eine kleine Schar von Alpschweinen profitiert davon: Sie futtern gierig die Molke, die als Nebenprodukt des Käsens entsteht und ihnen täglich von Familie Gentner serviert wird. Über Kreisläufe wie diesen oder generell über das ewig-neue Zusammenspiel von Wetter, Natur, Tier und Mensch kann sich Patrick mit den Gentners stundenlang austauschen. Genau wie er selbst ist auch Andi als konsequenter Schwender bekannt, der sich mit harter Arbeit („wie beim Hausputz") gegen eine Überwucherung der Alpweiden stemmt. Wie ernst er diese Aufgabe nimmt, zeigt diese Zahl: Als die Gentners vor über 20 Jahren die Buchrainer Alpe pachteten, betrug die Weidefläche nur noch 19 Hektar – mittlerweile sind es wieder 26. Grund genug für die drei, um bei einem von Patricks wenigen Besuchen mit einem Schnäpsle anzustoßen und dazu das Aroma von Christines frisch aufgeschnittenem Bergkäse zu genießen …

Wichtiges Thema der Nachbarn ist wenige Wochen vor dem Ende der Alpsaison naturgemäß der Abschied vom

Berg. Die Oberstdorfer Sennalpen, zu denen die Buchrainer Alpe gehört, kehren traditionell am „Matthesdäg", also am Tag des Heiligen Matthäus am 21. September, ins Tal zurück. Die Gentners freuen sich auf dieses Datum. Der Abtrieb der Sennalpen findet eine Woche nach dem bundesweit bekannten Oberstdorfer Viehscheid (mit über 20.000 Zuschauern) statt. Am Matthesdäg geht es beschaulicher zu. „Wir genießen die familiäre Atmosphäre. Man trifft Familie, Freunde und Bekannte und hat Zeit, sich in Ruhe zu unterhalten", sagt Christine, die dem Termin bereits entgegenfiebert. Anders ist die Stimmung bei Patrick. Wenn man ihn auf den Viehscheid anspricht, den er für die Einödsberg-Alpe ohne ein bestimmtes Datum traditionell selbst organisiert, ist er ungewohnt einsilbig. „Mal schauen", sagt er dann. Weiter will man gar nicht fragen, denn man ahnt auch so: Etwas nagt an dem sonst so gut gelaunten Älpler. Noch immer beschäftigt ihn der Verlust des Jungrinds auf der Vorweide kurz vor Beginn der Alpsaison.

Er empfindet es als Makel, den angeschlagenen Gesundheitszustand des Tiers nicht frühzeitig erkannt zu haben. Wären ihm Anzeichen für eine Lungenentzündung aufgefallen, hätte er es niemals auf die Vorweide mitgenommen. Durch den später erfolgten Tod des Rinds liegt für Patrick ein dunkler Schatten auf der Alpsaison. Einen unbeschwerten Viehscheid mit einem vornweg laufenden festlich geschmückten Kranzrind, das im Allgäu traditionell eine erfolgreiche Alpsaison symbolisiert, kann er sich kaum noch vorstellen. Da hilft auch kein Hinweis darauf, dass das verendete Tier nicht im Hochgebirge abstürzte, sondern noch vor dem Alpauftrieb an den Folgen seiner Krankheit starb, die es sich vorher zugezogen hatte. Christine und Andi ahnen, dass Patrick in Bezug auf den Viehscheid selbst bei gutem Zureden in den verbleibenden vier Wochen kaum noch umzustimmen sein wird: „Ihm geht es um die Ehre. Das wär bei uns nicht anders.“ Nach dem herzlichen Abschied von den Gentners sinniert Patrick beim Rückweg zur Einödsberg-Alpe in der Dämmerung, ob die Sömmerung von Milchkühen und das Käsen im Berg nicht auch etwas für ihn wäre. Reizen würde es ihn. „Hätt schon was“, findet auch Kleinhirtin Paula. Doch dann schüttelt Patrick den Kopf. Eine Sennalpe mit Melkkühen und Gästen zu führen oder eine abgelegene Galtalpe mit Jungvieh im Hochgebirge, das sind zwei Paar Bergschuhe. Und Letztgenannte passen ihm einfach besser. Auch den zeitlichen Aufwand könnte er nicht stemmen. Denn für Sennälpler und Sennälplerinnen ist auch nach dem Viehscheid längst nicht Schluss.

Spätestens alle zwei Wochen stapft Christine auch im Winter hinauf zur Buchrainer Alpe. Der Käs braucht Pflege. Dutzende Laibe im Reifekeller müssen auch in der kalten Jahreszeit regelmäßig geschmiert werden, wie es im Fachjargon heißt. Dazu vermischt Christine Speisesalz und Wasser in einer Schüssel. Sie tunkt eine Käsebürste in die Flüssigkeit, wuchtet den ersten Laib vom Holzregal auf den Holztisch in der Mitte des Kellerraums und schmiert den Käse unter kräftigem Bürstendruck ein. Das Schmieren ist überlebenswichtig für den Bergkäse. Salz bindet Wasser, hält das Käseinnere saftigfrisch und verhindert, dass Risse aufbrechen. Das Schmieren ist zudem eine konstante Qualitätskontrolle. „Pflege ist das A und O für einen guten Bergkäs“, sagt Christine. Für einen Außenstehenden sehen die Laibe völlig gleich aus. Nicht so für Christine: Sie entdeckt Unterschiede und Eigenheiten, genießt Nuancen im herzhaft-würzigen Geruch und ist voll in ihrem Element. „Es ist faszinierend, so ein hochwertiges Naturprodukt herzustellen und zu formen. Da fließt viel Wissen der Vorfahren ein.“ Den Sommer über führt sie ein Käse-Tagebuch, in das sie für jeden hergestellten Laib fein säuberlich

Parameter wie Datum, Wetter oder Besonderheiten einträgt. Nach Pressung und Salzbad wird der Käse bereits ab seinem dritten „Lebenstag" geschmiert. In den ersten acht Wochen sogar täglich. Diese mühsame Arbeit übernimmt im Sommer ihr Mann Andi. Der Käse ist anfangs noch schwerer. Im Winter, wenn nicht mehr so häufig geschmiert wird, sind die Laibe durch den Flüssigkeitsverlust leichter. Aber das ist relativ. Ein Laib Bergkäse wiegt immer noch knapp 20 Kilo. Mehrere hundert Kilo lupft Christine in Summe während des Schmierens an einem Wintervormittag auf der Buchrainer Alpe. „Fitnessstudio brauch i it", sagt sie augenzwinkernd. Nach der Arbeit im Käsekeller geht es an manchen Wintertagen sportlich weiter. Nächste Disziplin: Käse-Rodeln! Dann fährt Christine mit dem Schlitten für ihre Familie und ihre Nachbarn in Oberstdorf einen stattlichen, über ein halbes Jahr alten Laib ins Tal. Dort wird er sehnlich erwartet. Sennalpkäs veredelt bei den Gentners nicht nur jede Brotzeit sowie Nudel- oder Fleischgerichte, sondern auch die Kässpatzen. Christine hat beim Allgäuer Nationalgericht, das früher als Arme-Leute-Essen galt, klare Vorstellungen. Die viel diskutierte Frage, ob Weißlacker zwingend in die Spatzen gehört, stellt sich bei ihr nicht: „I nehm ausschließlich meinen eigenen Bergkäs. Je älter, desto besser. Bei Kässpatzen darf der gerne zwei Jahre oder mehr auf dem Buckel haben", erklärt sie schmunzelnd.

Obwohl Christine jeden Sommer auf der Buchrainer Alpe verbringt und dort jeden Winkel kennt, kommt sie sich im Winter fremd vor inmitten der tief verschneiten Berglandschaft. Vielleicht liegt es daran, dass ihr das vertraute Bimmeln der Weideschellen fehlt. Oder daran, dass die Schneekristalle magisch im Sonnenlicht glitzern. „Irgendwie hab i immer das Gefühl, dass der Berg in dieser Jahreszeit nicht mehr den Menschen gehört, sondern den Wintergeistern."

Die Weideschelle vom Nebelhorn gibt nicht nur Museumspfleger Karl Schädler bis heute Rätsel auf.

Karges Älpler-Leben: Ludwig (mit Hut) und Agathe Weiler betrieben in den 1920er Jahren die Buchrainer Alpe.
Foto: Naturschutzstiftung Allgäuer Hochalpen

9. Die mysteriöse Schelle

Sie wirkt unscheinbar und ist nur zehn Zentimeter hoch. Dennoch gibt sie bis heute große Rätsel auf. Die wohl älteste Viehschelle in den Allgäuer Bergen stammt aus der Römerzeit. Gefunden wurde sie am Nebelhorn in Oberstdorf, etwa 20 Kilometer von der Einödsberg-Alpe entfernt. Doch nichts ist über ihre Besitzer bekannt. Genausowenig weiß man, ob sie in grauer Vorzeit einem Schaf, einer Ziege oder einer Kuh um den Hals hing. „Wenn sie doch nur etwas von ihrer Geschichte erzählen könnte. Dann wäre das Geheimnis endlich gelüftet“, sagt Karl Schädler. Für den Museumspfleger zählt die dunkelgrün patinierte Bronzeschelle zweifelsohne zu den geheimnisvollsten Ausstellungsstücken im Oberstdorfer Heimatmuseum. Preisgeben wird sie freilich nichts mehr.

Die historische Schelle ist buchstäblich verstummt. Da ihr der Klöppel fehlt, kann über ihren Klang nur gemutmaßt werden. Genau wie über ihre Bedeutung: Ist sie der Beweis für eine Frühform der Alpwirtschaft im Allgäu vor über 1.900 Jahren? Oder landete sie nur durch einen Zufall im alpinen Gelände am Nebelhorn? Fakt ist: Die Schelle wurde 1928 von Graf Christoph Vojkffy auf einer Höhe von 1.600 Metern im Bereich der Vorderen Seealpe gefunden. Der damalige Landesarchäologe Paul Reinecke ordnete sie der Mittleren Kaiserzeit (69-192 n. Chr.) zu und maß ihr besondere Bedeutung bei. Sie stellte für ihn ein „willkommenes archäologisches Zeugnis für Almbetrieb“ dar.

Zur Begründung schrieb er: „Diese römische Bronzeglocke wird im Altertum schwerlich auf der Jagd in Verlust geraten sein. Ebenso wenig kann sie ein hier des Weges ziehendes Saumtier abgestreift haben, da in dem Fundgebiet überhaupt kein alter Weg oder Paßübergang in Frage kommt. Aller Wahrscheinlichkeit nach wird die Glocke doch von einem Tier auf der Weide hier hoch über der Talwanne verloren worden sein.“

Mit anderen Worten: Mit ziemlicher Sicherheit weideten seiner Einschätzung zufolge damals schon Hirten ihre Tiere in den Allgäuer Bergen. Laut dem römischen Schriftsteller Lucius Columella (4-70 n. Chr.) war bereits bekannt, dass Rinder im Sommer auf größeren Höhen besser gedeihen als im Flachland. Auch wird vermutet, dass die Menschen im Allgäuer Alpenraum bereits käsen konnten. So sollen Jahrzehnte vor der Geburt Christi bereits die Kelten Tauschgeschäfte mit Milchprodukten betrieben haben. Diese Fähigkeiten wurden nach der Eroberung des Allgäus durch die römischen Feldherren Drusus und Tiberius im Jahr 15 v. Chr. fortgesetzt. Als Belege für die Käseherstellung gelten beispielsweise Funde von speziellen Keramikschüsseln im römischen Cambodunum, dem heutigen Kempten. Durch ihren gelochten Boden konnte die Molke aus der frischen Käsemasse abfließen.

Frühformen der Alpwirtschaft in Oberstdorf während der Römerzeit sind vor diesem Hintergrund vorstellbar. Dennoch wäre es wohl übertrieben, im Fund der Viehglocke vom Nebelhorn einen endgültigen Beweis zu sehen. Dazu müssten letzte Zweifel ausgeräumt werden: „Vielleicht gehörte sie auch nur einem ausgebüxten Tier aus dem Tal, das sich in den Bergen verlaufen hat. Oder sie wurde noch bis ins Mittelalter benutzt und ging erst dann am Hang verloren", gibt Museumspfleger Karl Schädler zu bedenken.

Am Beispiel der mysteriösen Viehglocke vom Nebelhorn wird vor allem eines klar: Die Ursprünge der Alpwirtschaft im Allgäu lassen sich nicht exakt rekonstruieren.

Ähnlich verhält es sich mit dieser Frage: Wann stiegen überhaupt die ersten Menschen aus den Tälern auf die Allgäuer Berge? Antwort der heutigen Wissenschaft: Vor etwa 9.000 Jahren in der mittleren Steinzeit – als Nomaden und Jäger. Zu diesem Schluss kommen Forscher nach aufwendigen Untersuchungen von sensationellen Funden im Kleinwalsertal. 1998 entdeckte der Walsertaler Künstler und Autor Detlev Willand zufällig bei einer Wanderung primitive Steingeräte im Bereich der Schneiderküren-Alpe in gut 1.500 Metern Höhe am Ifen. Er zeigte die Funde Prof. Walter Leitner vom Institut für Ur- und Frühgeschichte an der Universität Innsbruck. Der Experte war begeistert. Jahrelange Ausgrabungen, auch an nahegelegenen Orten, folgten. Sämtliche Funde – davon allein 400 Geräte – lassen eine Vorstellung vom Leben der Ureinwohner der Allgäuer Alpen zu.

Dennoch legt der bekannte Historiker Wert auf die Feststellung, dass damit kein abschließendes Urteil gefällt werden kann: „Es ist möglich, dass eines Tages in den Allgäuer Bergen Funde gemacht werden, die noch älter sind als jene nahe der Schneiderküren-Alpe", sagt Prof. Leitner (weitere Details zu seinen Forschungen lesen Sie im Anhang des Buches). Für geschichtlich Interessierte kann diese Aussage eigentlich nur eines bedeuten: Augen auf bei jeder Wanderung in den Allgäuer Alpen! Doch zurück von den frühzeitlichen Nomaden und Jägern zur Alpwirtschaft im Allgäu. Ab wann gab es wohl die ersten Alphütten mit umliegendem Weideland? Nach der Eroberung durch die Römer dauerte es über 1.000 Jahre, bis schriftliche Dokumente auftauchen, die als gesicherter Beweis gelten. So schreibt der Oberstdorfer Flurnamensforscher Thaddäus Steiner (1933-2017) in seinem Herkunftsverzeichnis der Allgäuer Alpnamen, dass für das Jahr 1173 mit der „pascula in alpibus dicta Gerichingwang", der heutigen Alpe Gelchenwang am Hochgrat in Oberstaufen, erstmals eine „Alpe als solche benannt" ist.

Interessant ist auch dieser Fakt: Durch die Almwirtschaft ab dem 12. Jahrhundert wurde eine Besiedlung der Alpen überhaupt erst möglich, bilanzieren die Autorinnen und Autoren des empfehlenswerten Standardwerkes „Das Alpenbuch". Einen Meilenstein aus regionaler Sicht markiert das Jahr 1482 – und der Einödsberg spielt eine entscheidende Rolle dabei. Er wurde damals, vor über 540 Jahren, mit der „wahrscheinlich ältesten Alpordnung im Allgäu ausgestattet", wie im Oberstdorf-Lexikon von Hauptautor Alex Rössle zu lesen ist. Auch beim Alpwirtschaftlichen Verein Allgäu wird diese Jahreszahl genannt.

In den Alpordnungen schrieben Grundherren und Bergbauern mit gemeinsamem Alpbesitz fest, was auf ihren Weideflächen zulässig war. Berechtigte durften zum Beispiel „nur so viel Vieh auftreiben, als vom eigenen Heu im Winter ernährt werden konnte. Auch Auf- und Abtriebszeiten, Behirtung, Vieh-Obergrenzen und die Düngerausbringung wurden reguliert", heißt es in der Dokumentation „Alm- und Alpwirtschaft in Bayern".

Genaue Regelungen gab es am Einödsberg. Einen Einblick gewährt erneut das Oberstdorf-Lexikon: „Nach der zwischen 1566 und 1580 entstandenen Alpordnung hatte die Alpe Einödsberg 218 Weiden, wovon 56 den Herren von Laubenberg-

Stein und von Rauhenzell, 36 dem Spital Kempten, der Rest 19 Bauern aus dem Oberallgäu gehörten.“ In diese Zeit fällt in Oberstdorf übrigens auch die erste Darstellung eines Alphorns, das heute viele Menschen mit dem Allgäu verbinden. Ein unbekannter Maler hat es 1558 in einem Altar-Tafelbild der St. Anna Kapelle in Rohrmoos verewigt. Die Darstellung zeigt einen Hirten neben einer Schafherde. Mit den Händen umgreift er ein langes, röhrenförmiges Instrument, an dessen Ende eine trichterförmige Öffnung zu sehen ist. Früher nutzten die Hirten die Langhörner, um ihre Tiere an sich zu binden, sie zu besänftigen und wohl auch, um sich mit anderen Hirten zu verständigen. Vielleicht kamen Alphörner als Beruhigungsinstrument für die Tiere auch auf der Einödsberg-Alpe zum Einsatz. Dort ging es auf jeden Fall turbulent zu. Aus heutiger Sicht erstaunlich sind Angaben zum Auftrieb aus dem Jahr 1629: 140 Ochsen, also kastrierte männliche Rinder, und 20 Rösser werden genannt.

Von weiblichen Rindern ist keine Rede. Offenbar war die Aufzucht von Ochsen besonders lukrativ. Hintergrund könnte gewesen sein, dass in den Städten der Fleischbedarf stieg – und das nicht nur in Deutschland. Als eine der Drehscheiben für den Viehhandel im Alpenraum entwickelte sich das nahegelegene Sonthofen. So berichtet Leo Huber in Heft 36 des Oberstdorfer Verschönerungsvereins, dass in der heutigen Oberallgäuer Kreisstadt an einem Markttag im Jahr 1535 allein 800 bis 1.000 Ochsen ihren Besitzer wechselten: Sie wurden demzufolge über die Alpen bis nach „Welschland“, also Italien, getrieben. Käufer und Viehhändler kamen auch aus der Schweiz oder aus Baden-Württemberg. Die Viehmärkte der damaligen Zeit gelten als Vorläufer der heutigen Viehscheide. Das Käsen, vorwiegend für Klöster oder den Eigenbedarf, fand damals nur in geringem Umfang statt. Doch das änderte sich im Lauf der Jahrhunderte. Maßgeblich beteiligt an dieser Entwicklung waren Schweizer Käser wie Johann Althaus (1798-1876), die das vielbeachtete Wissen der Eidgenossen ins Allgäu brachten. Großer Rundkäse aus der Region, Allgäuer Emmentaler genannt, erfreute sich dank seiner hohen Qualität schon bald zunehmender Beliebtheit.

Als „Notwender“ für das damals bitterarme Allgäu gilt bis heute Carl Hirnbein (1807-1871). Der Landwirt, Pionier und Kaufmann aus Wilhams im Oberallgäu brachte von seinen Geschäftsreisen aus Limburg (Belgien) die Brüder Grosjean mit in seine Heimat. 1830 eröffnete Hirnbein mit deren Hilfe eine Weichkäserei in Wilhams. Er führte die beiden Käsesorten Limburger und Romadur ein, die – anders als Hartkäse – auch mit kleineren Milchmengen hergestellt werden können. Beim Vertrieb setzte er, zunächst von Kempten aus, auf die Eisenbahn. Hirnbein gründete nach und nach Niederlassungen in Deutschland und baute ein großes Vertriebsnetz auf. Er brachte laut heutiger Geschichtsforschung zwar nicht das Käsen ins Allgäu, wohl aber etablierte er die Milchwirtschaft in der Region und bescherte den Bauern innerhalb weniger Jahrzehnte einen wirtschaftlichen Aufschwung. Das wirkte sich auch auf die Alpwirtschaft aus. Die Einödsberg-Alpe dient als Paradebeispiel für diese Entwicklung. Zur Erinnerung: 1629 waren 140 Ochsen und 20 Rösser auf den traditionsreichen Berg getrieben worden.

Über 200 Jahre später gibt es auf dem Gebiet der Alpe vier Sennhütten mit insgesamt 107 Kühen, deren Milch pro Alpsaison zu 80 Zentnern Käse (4.000 Kilo) und neun bis zehn Zentnern Butter (knapp 500 Kilo) verarbeitet wird. So beschreibt es der damalige Oberstdorfer Pfarrer Johann Nepomuk Stützle in „Die katholische Pfarrei Oberstdorf im königl. Landgericht Sonthofen oder Die Schweiz im Kleinen“

aus dem Jahr 1848. Mit anderen Worten: Ein gewaltiger Umbruch von der reinen Viehwirtschaft (Ochsenhaltung) zur Milchwirtschaft samt Käserei hatte sich vollzogen.

Die Veränderung blieb Teil des Systems, obwohl die Alpwirtschaft in der Öffentlichkeit gerne romantisierend als „seit Jahrhunderten gleich" beschrieben wird.

Heute werden auf dem Einödsberg – genau wie auf den meisten der über 700 Alpen im Allgäu – eben keine Milchkühe mehr gehalten und auch kein Käse hergestellt. Diesen logistisch, personell, aber auch bürokratisch großen Aufwand betreiben nur noch gut 40 Sennalpen im Allgäu. Der Großteil kümmert sich auf den Galtalpen ums überwiegend weibliche Jungvieh. Wenn man Patrick auf die wechselhafte Geschichte der Allgäuer Alpwirtschaft anspricht, reagiert er achselzuckend: „Mir Älpler sind halt flexibel!"

Eng verbunden mit der Alp-Entwicklung in Oberstdorf ist das Adelsgeschlecht der Wittelsbacher. 1851 pachtete Prinz Luitpold von Bayern, Bruder von König Maximilian II. und Onkel des Märchenkönigs Ludwig II., für 120 Gulden die Oberstdorfer Gemeindejagd – und blieb dort 60 Jahre bis zu seinem Tod im Alter von 91 Jahren am 12. Dezember 1912 Jagdherr. Zu Spitzenzeiten umfasste sein Jagdgebiet im Oberallgäu 200 Quadratkilometer, also 20.000 Hektar. Das Filetstück, um in der Jägersprache zu bleiben, bildete die Gebirgszone bei Oberstdorf an der Grenze zu Österreich: Zum sogenannten Prinzregentenbogen gehörte auch der Einödsberg. Die Alpwirtschaft nahm dort weiterhin ihren Lauf, wie der Oberstdorfer Geschichtsforscher Eugen Thomma mir im Interview erzählte.

Stärker im Fokus standen nun die Jagd und der hohe Herr selbst. Prinz Luitpold richtete sich schon bald eine Kommandozentrale in Oberstdorf ein. Auf den freien Wiesen südlich der Oberstdorfer Kirche ließ er ein Jagdhaus erbauen, das heute als Restaurant „Königliches Jagdhaus“ betrieben wird. Es entwickelte sich zu einem Treffpunkt für zahlreiche Prominente der damaligen Zeit. Mit dem beim Volk beliebten Prinz Luitpold erlebte das abgeschiedene Bergdorf Oberstdorf einen ungeahnten Aufschwung. Diese Entwicklung beschleunigte sich unter kuriosen Umständen nach dem Tod von König Maximilian II. Am 10. Juni 1886 übernahm Prinz Luitpold die Regentschaft im Königreich Bayern. Hintergrund: Luitpolds Neffe, der legendäre Märchenkönig und Schloss-Neuschwanstein-Erbauer Ludwig II., war wegen seiner Verschwendungssucht entmündigt worden. Drei Tage später ertrank er im Starnberger See.

Sein jüngerer Bruder Otto I. folgte ihm offiziell auf den Thron. Doch Otto I. galt seit seiner Jugend als „geisteskrank“ und damit als regierungsunfähig. Statt seiner nahm fortan Prinzregent Luitpold die Staatsgeschäfte wahr. Für die Oberstdorfer erwies sich sein Aufstieg als Glücksfall, wovon noch heute die Prinzenstraße oder das Prinzregenten-Denkmal im Ort zeugen. Das arme Dorf wurde nun zur Hofjagdstation. Schon bald wurde die Bahnlinie von Sonthofen nach Oberstdorf fertiggestellt, die den Fremdenverkehr, wie es damals noch hieß, beflügelte. „Wo sich der Prinzregent gerne aufhält, muss es besonders schön sein“, lautete die Schlussfolgerung vieler Sommerfrischler. Gastronomie und Vermietung spülten Geld in die Kassen der armen Bergbauern. Zählte man 1872 in Oberstdorf noch 460 Gäste, so waren es 1905 bereits 12.907, schreibt Zeitzeuge Max Förderreuther in „Die Allgäuer Alpen. Land und Leute.“ Doch der materielle Aufschwung hatte seiner Darstellung zufolge auch negative Folgen – und zwar für die Alpwirtschaft. „Längst hat Oberstdorf aufgehört, als Mittelpunkt der Sennwirtschaft zu gelten, wie dies um die Mitte des vorigen Jahrhunderts von dem Orte gerühmt wurde. Die meisten Alpen sind verkauft (…).“ Der Fremdenverkehr werfe „lohnenderen Verdienst“ ab. „Das Wirtshausleben nimmt zu und viele Oberstdorfer feiern im Winter und zehren von dem leichten Erwerbe, den der Sommer gebracht hat“, beschrieb er die Veränderung.

Wohlgemerkt: Förderreuthers Buch erschien im Jahr 1907. Was er wohl heute geschrieben hätte – angesichts von über 467.000 Gästen, die allein 2022 in dem heilklimatischen Kur- und Kneipport Oberstdorf mit seinen 9.700 Einwohnern gezählt wurden?

Doch zurück zur Alpwirtschaft, die während der Regentschaft von Luitpold wohl auch eine zunehmende Romantisierung erlebte. Diesen Schluss legen die Macher des sehr empfehlenswerten Oberallgäuer Bergbauernmuseums in Diepolz nahe. Über den aufkommenden Tourismus und seine Auswirkung auf die Alpwirtschaft heißt es dort: „Reisehandbücher beschrieben neben Wanderrouten auch das einfache Hirtenleben auf den Alpen. Die fremden Gäste erwarteten dort oben urwüchsige Naturburschen. Bald entsprachen die Älpler diesem Klischee. Deutlich zeigt sich dies am Wandel ihrer Kleidung: In kurzen Lederhosen posierten sie nun vor den Touristen.“ Vorläufer der Gebirgstracht in Oberstdorf gab es zwar schon lange vor Prinzregent Luitpold.

Doch nun erlebte sie einen Aufschwung: „Durch das Haus Wittelsbach wurde die Tracht sehr gefördert. Wohl auch, um der Bevölkerung ein bayerisches Nationalgefühl zu vermitteln und sie so an das Königshaus zu binden“, heißt es bei der Interessen-Gemeinschaft der Oberallgäuer Gebirgstrachten und der Historischen Tracht. Volksnah und heimatverbunden ging der Prinzregent auf die Jagd: Auf Fotos und Bildern der damaligen Zeit trägt er kurze Lederhose, Janker und einen Hut mit Gamsbart. In Einödsbach, unterhalb der Einödsberg-Alpe, unterhielt der Prinzregent die südlichste Jagdhütte Deutschlands. In ihrer unmittelbaren Nachbarschaft eröffnete die Oberstdorfer Berglegende Johann „Babischd" Schraudolph eine „Clubhütte", in der schon bald wohlhabende Sommerfrischler verkehrten. „Babischd" verhalf ihnen zum großen Abenteuer: Ab 1876 war er der erste autorisierte Bergführer in Oberstdorf und damit wohl auch im Allgäu. Schier unglaublich: 416 Touren führte er allein auf die Mädelegabel, den mit 2.645 Metern vierthöchsten Berg in den Allgäuer Alpen. Damit dürfte er bis heute Rekordhalter sein.

Dass ihm die hundertfachen Auf- und Abstiege nicht geschadet haben, beweist die Tatsache, dass er mit über 70 Jahren noch als Bergführer aktiv war und ein für damalige Verhältnisse langes Leben hatte. Im März 1908 starb er im Alter von 82 Jahren in Einödsbach. Fotos von „Babischd" Schraudolph hängen heute noch in der Stube des beliebten „Gasthof Einödsbach", den die Nachkommen des legendären Bergführers betreiben.

Obwohl in der Ära von Prinzregent Luitpold das Bergsteigen im Oberallgäu einen gewissen Aufschwung erlebte, war dessen Ausprägung im Vergleich zu heute marginal. Im Berg waren die Älpler weiterhin fast ausschließlich unter sich. Eindrucksvoll dokumentiert dies eine Geschichte, die der Hindelanger Bergführer Willi Wechs in seinen Memoiren niederschrieb. Als junger Bursche verbrachte er den Sommer als Hirte auf einer Alpe im Ostrachtal. Dort oben bekam er nur durch Zufall vom Ausbruch des Ersten Weltkrieges mit: Als der gewohnte morgendliche Alphorn-Klang auf einer benachbarten Alpe ausblieb, wurde er stutzig und erfuhr, dass die Männer zum Militär eingezogen worden waren …

Von der Kargheit und dem rauen, wilden Leben im Berg erzählten auch die ältesten Zeitzeugen, mit denen ich im Rahmen dieses Buches sprechen konnte. Allen voran der Oberstdorfer Heimatforscher Eugen Thomma (1931-2022), mit dem ich im Lauf der Jahre bis kurz vor seinem Tod viele Interviewstunden verbringen durfte. In seiner Jugend stieg er als Hirtenbub im Sommer auf die Taufersberg-Alpe. Jahrzehnte später konnte er, mit einem phänomenalen Gedächtnis ausgestattet, das dortige Leben beschreiben. Er schien geradezu aufzublühen, wenn er von der „olte Zit" sprach. Damals, als es im Berg neben Obersenn, Untersenn und Hirten noch weitere Helfer gab, deren Bezeichnungen heute wie aus einem Märchen klingen. Der Tagwerker half beim Schwenden. Der Pfister, meist ein Kleinhirte, hielt mit Botengängen die Verbindung zum Tal aufrecht. Und der Milchzieher brachte die Milch von den oben am Grat weidenden Kühen ein bis zwei Mal täglich in Fässern mit einem Schlitten zur Sennhütte, wo sie zu Butter und Käse verarbeitet wurde. „Die Arbeit war knallhart, und der Umgangston stand dem in nichts nach", erinnerte sich Thomma mit dem versöhnlichen Lächeln eines alten Weisen, dessen späteres Leben in diesen Sommern geprägt wurde. Unermüdlicher Fleiß, Standhaftigkeit und die Liebe zur Heimat gehörten zweifellos dazu. Bis ins hohe Alter traf man den Museumspfleger, Heimatforscher, Archivar und Autor im Gemeindearchiv an.

Dort kannte er jeden Winkel: die dicken Bücher, die vergilbten Dokumente, die historischen Schwarz-Weiß-Aufnahmen – zu all dem lieferte er aus dem Stegreif bunte Geschichten. Zum Beispiel von den diplomatischen Verstimmungen zwischen Deutschland und der Schweiz im Jahre 1929. „Die Eidgenossen fühlten sich damals diskriminiert, weil landwirtschaftliche Angestellte bei uns auf Alpen und Höfen und sogar in Urkunden als ‚Schweizer' bezeichnet wurden", erinnerte er sich schmunzelnd. Das sei nicht von ungefähr gekommen: Schließlich eilte den Schweizern ein herausragender Ruf im Bereich des Melkens und Käsens voraus. Doch im Nachbarland fühlte man sich offensichtlich auf ein Klischee reduziert. Nach und nach bürgerten sich deshalb auf Druck der Schweizer alternative Begriffe wie „Kuhwärter", „Melker" oder der heute noch gebräuchliche „Stallgehilfe" ein.

In Bezug auf das Melken mauserten sich freilich auch die Allgäuer Sennen und ihre Burschen zu viel geachteten Experten. Von der Zuverlässigkeit und dem Geschick ihrer Hände hing der Erfolg des Bergsommers ab. Die kräftigen jungen Männer mussten ihre einfühlsame Seite unter Beweis stellen. Das Euter ist ein sensibles Körperteil. Auf Grobheit reagiert eine Kuh sofort. Ein guter Melker schaffte es, die Kuh zu be-

Die Talhirten zogen in Oberstdorf von Hof zu Hof, um die Tiere einzutreiben. Das Foto dürfte Ende der 1940er Jahre entstanden sein. Foto: Archiv Marktgemeinde Oberstdorf ruhigen, die Zitzen mit den Händen zu umschließen und mit sanftem Druck das Saugen eines Kalbes nachzuahmen. Und das über mehrere Stunden am Tag. „Ein guter Melker schaffte sechs Kühe pro Stunde“, sagte Thomma. „Wer nachlässig war, der wurde von den anderen erzogen!“ Die Stimmung unter den Männern konnte leicht kippen. „Die eine oder andere Rauferei gehörte im Berg einfach dazu.“ Doch es habe auch viel Eintracht und Kameradschaft gegeben.

Wenn am Abend im Schein der Petroleumlampe die Pfeifen gestopft wurden, verflog selbst der größte Ärger des Tages mit den Rauchschwaden im Wind. Abgesehen von diesem Luxus waren Kost und Logis auf ein Minimum reduziert. Geschlafen wurde auf einfachsten Bettstätten oder im Heu. Die Mahlzeiten bestanden vorwiegend aus Schwarzmus (Gerstenschrot mit Milch), Kratzad (ähnlich wie Kaiserschmarrn) oder Kässpatzen („mindestens einmal pro Woche“). Die Eier lieferten die Hennen vor der Alpe. Wurst oder Fleisch gab es den ganzen Sommer über nicht, Brot aus dem Tal nur gelegentlich. „So oder so ähnlich ging es zu meiner Zeit auf jeder Alpe in Oberstdorf zu. Sicher auch auf dem Einödsberg“, erzählte Thomma.

Zum Alpalltag gehörten auch derbe Späße, mit denen sich die Burschen die Zeit vertrieben. Daran erinnert sich die spätere Skisprung-Legende Max Bolkart, der in den 1940er Jahren als Hirtenbub auf der Biberalpe anpackte. Bei gemeinsamen Mahlzeiten sei die Schüssel stets in der Mitte des Tischs gestanden: „Wenn einer nicht aufgepasst hat, hat der Nachbar ihm den Löffel aus der Hand gerissen und irgendwo ins hinterste Eck der Hütte geworfen. Bis der Entsprechende den Löffel wieder gefunden hat, hatten die anderen schon das meiste gegessen“, erzählt Bolkart, der als erster westdeutscher Springer 1959/1960 die Vierschanzentournee gewann.

Die Presse feierte ihn als „Adler-König“: Sepp Weiler sprang als Kleinhirte über Stock und Stein – und später der Konkurrenz davon. Foto: Archiv Marktgemeinde Oberstdorf

Auch ein weiterer Oberstdorfer Schanzen-Adler sprang zunächst im Berg über Stock und Stein und später der Konkurrenz davon. Sepp Weiler (1921-1997) holte sich als Hirtenbub auf der Buchrainer Alpe ganz nebenbei seine sportlichen Grundlagen. Sein Vater Ludwig, ein erfahrener Käser, und seine Mutter Maria bewirtschafteten die Alpe. Das Ehepaar hatte sieben Kinder. Anpacken war selbstverständlich für sie. Sepp, der drittjüngste im Bunde, schaffte während der Sommerferien bereits wie ein Großer. Er passte nicht nur auf das

Vieh auf, sondern wurde schon als Fünf- oder Sechsjähriger als „Pfister" für Einkäufe auf den langen Weg ins Tal nach Oberstdorf geschickt. Seinen Altersgenossen war er in puncto Kraft und Mut weit voraus. So soll er schon mit sechs Jahren die grandiose Weite von 24 Metern gesprungen sein. In seiner erfolgreichsten Saison (1948/1949) gewann er 35 von 36 Wettbewerben, an denen er teilnahm, und wurde von der internationalen Presse als „Skisprung-König" gefeiert. „Die Zeit als Hirtenbub hat ihn sicher geprägt", sagt sein Sohn Bernd.

Ähnlich war es bei Max Bolkart, dem ein Vorfall in besonderer Erinnerung geblieben ist. Das Unglück geschah zum Ende einer Alpsaison. Beim sogenannten „Abbingle" sollte Max Butter, Käse und diverse Geräte und Utensilien, die man im Sommer in der Höhe gebraucht hatte, mit dem Hörnerschlitten zurück ins Tal bringen. Bei dem riskanten Ritt kam ihm plötzlich der sehr schwer beladene Schlitten aus. Mit einem Sprung zur Seite gelang es Max gerade noch, sich in Sicherheit zu bringen. Der Hörnerschlitten freilich schanzte über ein paar Felsen und zerschellte. Butter, Käse und alles Gerät waren verloren. Max hatte nach dem Unfall furchtbare Angst vor dem Oberhirten. Er rechnete mit einer saftigen Tracht Prügel. Doch nichts dergleichen folgte. Im Gegenteil: Der Oberhirte präsentierte sich geradezu milde. Er sagte, dass das Leben das wichtigste Gut sei. Alles andere könne man ersetzen. Es wird vermutet, dass er ein ziemlich schlechtes Gewissen hatte, weil er den Schlitten des Hirtenbuben viel zu voll beladen hatte …

Noch eine Szene ist dem späteren Skisprung-Idol Bolkart aus dieser Zeit in Erinnerung geblieben, aber über diese kann er ausnahmslos schmunzeln. Einmal mussten die Hirten ein paar Schweine von einer Alpe zur nächsten treiben. Der musikalische Max lief vorneweg und zog die Tiere in seinen Bann: Er spielte mit dem Akkordeon für sie auf. Das erhöhte nicht nur ihre Laufbereitschaft, sondern hielt die Schweineschar auch zusammen. Alle Beteiligten sollen einen saumäßigen Spaß gehabt haben.

Einen Hauch dieser alten Oberstdorfer Zeit ließ Max Bolkart Jahrzehnte nach seiner aktiven Skisprung-Karriere bei sportlichen Großereignissen in seinem Heimatort aufleben. Dann spielte er mit seiner Schalmei vor Tausenden von Zuschauern im Stadion unter der Schanze oder im Eisstadion das Lied „Küh lent rüs“.

Mit diesem morgendlichen Weckruf zogen die in Oberstdorf verbliebenen Hirten früher von Hof zu Hof, um die Tiere einzutreiben, die sie auf den Weiden der Gemeinde hüteten. Spätestens mit dem Erklingen der Melodie begann ein neuer Tag voller Arbeit für die ausgemergelten Jungen und die vom Schaffen buckligen Alten. Oftmals verbunden mit mehr Sorgen als Freuden. Für die im Tal. Und die im Berg. Damals in Oberstdorf.

Skisprung-Legende Max Bolkart spielt „Küh lent rüs" auf seiner Schalmei. Foto: Hermann Ernst

Das Wetter am Einödsberg kann jederzeit umschlagen.
Foto: Jasmin Pommer

10. Der Berg bebt

Sehnsuchtsorte sind sie beide: die Berge und das Meer. Sie haben eine weitere Gemeinsamkeit: Nirgendwo bedrohen Naturgewalten den Menschen unvorhergesehener als auf einer Scholle im Ozean oder auf einer einsamen Bergflanke. „Die strahlendsten Himmel bergen die gefährlichsten Gewitter“, schrieb Herman Melville im Klassiker „Moby Dick“ über einen aufziehenden Sturm, der unvermittelt, wie eine „höhere Macht“, losbricht. Diesen Moment der Fassungslosigkeit, des völligen Ausgeliefert-Seins, kennt auch Patrick.

Schönstes Sommerwetter kann auf der abgeschiedenen Grathütte in knapp 2.000 Metern Höhe plötzlich umschlagen – allen Prognosen zum Trotz. Dann brauen sich dunkle Wolken am Himmel zu einem furchteinflößenden Monstrum zusammen, und wo eben noch ein laues Lüftchen wehte, peitscht ein Sturm über den Berg, der am Fundament der Existenz rüttelt. Blitze zerreißen das Firmament, gefolgt von heftigen Donnerschlägen, prasselndem Hagel oder sintflutartigem Regen, der sich im steilen Gelände zu Sturzbächen vereint und talwärts schießt. Wer jemals die Urgewalt eines Sommergewitters in den Bergen erlebt hat, für den gewinnen Wörter wie Demut, Dankbarkeit oder Gottesfurcht eine neue Bedeutung. Vor acht Jahren wurde Patrick von einem dieser „gewaltigen Wetter“, wie er es nennt, überrascht. „Das kam am frühen Abend wie aus dem Nichts. Der ganze Berg lag mit einem Mal im Nebel.“ Die Luft war so aufgeladen, dass sie beinahe knisterte, erinnert er sich. Er rannte mit seinem damaligen Kleinhirten zur Grathütte, brachte den Bub dort in Sicherheit, und verschwand wieder nach draußen. Er musste zum Vieh. „Dann brach ein Gewitter los, wie ich es noch selten erlebt habe. Der ganze Berg hat gebebt. Und der Sturm war so brutal, dass ich beim Laufen fast nicht vorwärtsgekommen bin.“ Mit Ach und Krach gelangte er zur Herde. Unter den Tieren herrschte bereits große Unruhe.

Das spürte und hörte er. Im dichten Nebel hatte er jedoch keine Chance, sie zu sehen. Erst am nächsten Tag wurden drei Kadaver unter einer Steilwand gefunden. Allesamt vom Blitz erschlagen.

„Das war ein furchtbarer Anblick“, sagt Patrick. Während der Hubschrauber die toten Tiere ins Tal transportierte, haderte er mit sich selbst. „In dem Moment habe ich mich schon gefragt, ob ich der richtige Mann am richtigen Ort bin.“ Doch diesen Gedanken blendete er rasch wieder aus. Der Großteil der Herde hatte das extreme Unwetter schließlich überlebt. Er konnte die Tiere jetzt nicht im Stich lassen. Und sie dankten es ihm nach den Schreckensstunden mit ihrer zutraulichen Anwesenheit. Patrick machte weiter. Vielleicht, weil er wusste, dass außer ihm kaum jemand den Kraftakt im hochalpinen Gelände am Einödsberg stemmen könnte.

Vielleicht auch, weil wohl kaum ein waschechter Allgäuer Älpler diese Schmach auf sich sitzen lassen würde. Patrick hat aus dem Unglück Konsequenzen gezogen. In den Wochen auf der Grathütte treibt er das Vieh jeden Abend auf eine eingezäunte Weide direkt vor der spartanischen Behausung.

„Wenn ein Gewitter kommt, habe ich alle im Blick." Der Vorfall hat ihn gelehrt, dass zwischen Himmel und Gipfeln Kräfte wirken, die mächtiger sind als Mensch und Tier. „Man fühlt sich auf einmal sehr klein", sagt er. Obwohl er sich selbst nicht als klassischen Kirchgänger beschreibt, zündet Patrick seither bei aufziehenden Gewittern eine gesegnete Wetterkerze zum Gebet in der kleinen Stube an.

Einem alpinen Brauch zufolge soll dies dazu beitragen, Unwetterschäden und Blitzeinschläge abzuwenden. Der Anblick der kleinen Flamme beruhigt Patrick und Paula, wenn draußen die Naturgewalten wüten oder der Blitz im Kamin einschlägt, was auf der Grathütte auch schon vorkam. Dass das Wetter im Allgäuer Hochgebirge unberechenbar ist und jederzeit zur Gefahr für Mensch und Tier werden kann, daran gemahnt ein Marterl, in Oberstdorf Kritzle genannt, am Spätengundkopf auf dem Gebiet der Einödsberg-Alpe. Es erinnert an den tragischen Tod des Älplers Matthias Zwick: Der „Moritze Hies", wie ihn Einheimische nannten, starb im Sommer 1937, als er auf der Suche nach verirrten Schafen von einer Neuschneelawine verschüttet wurde.

In den vergangenen Jahren haben sich vor allem schnell aufziehende, heftige Gewitter zur Bedrohung am Einödsberg entwickelt, berichtet Patrick. „Das Wetter wird immer extremer. Das gilt auch hier oben", sagt er über den Klimawandel, der ihm Sorge bereitet. Dieser Sommer fällt einmal mehr ungewöhnlich warm aus. Deshalb bekommt Patrick zwar noch keine Panik. Aber er weiß, dass noch heftigere Trockenperioden dem Vieh im Berg besonders zusetzen würden. Mindestens 5.000 Liter Wasser benötigt seine Herde am Tag. Und die Tiere sind auf saftige Gräser angewiesen. Ein Rind frisst um die 50 bis 80 Kilo davon am Tag. Heu oder Silage, also Silofutter, als Alternative gibt es hier oben nicht. „Wir sind auf den Gabentisch der Natur angewiesen“, sagt Patrick. Der Klimawandel wird auch für die Alpwirtschaft zu einer großen Herausforderung, darin sind sich die meisten Experten einig. Ein Beispiel für die klimatischen Veränderungen ist die „Schwarze Milz“ in den Oberstdorfer Bergen, unterhalb von Hochfrottspitze und Mädelegabel gelegen. Der letzte Gletscher in den Allgäuer Alpen auf etwa 2.400 Metern Höhe hat in den vergangenen Jahren massiv an Substanz verloren.

Das ist das Ergebnis jährlicher Messungen, die Gletscherforscher Dr. Christoph Mayer von der Bayerischen Akademie der Wissenschaft mit seinem Team verrichtet. In drei Jahren, so seine Befürchtung, könnte der Gletscher verschwunden sein. Erst kürzlich hatte Mayer den südlichen Schneeferner an der Zugspitze für „tot“ erklärt: Das kleine Eisfeld erfülle nicht mehr die Gletscher-Kriterien, befand die Akademie der Wissenschaften. Überhaupt: Die Eismasse-Verluste seien überall in den vergangenen zehn bis 20 Jahren unvorstellbar gewesen, sagte der Forscher im Interview mit der Allgäuer Zeitung.

Was Patrick am meisten beunruhigt, sind die Unwetter, die immer häufiger unvermittelt aufziehen. Sie setzen die Alpwirtschaft unter Druck. Auf einer Galtalpe stehen die Tiere im Freien und nicht im Stall. Sie sind den Naturgewalten also unmittelbar ausgesetzt. „Als Älpler kannst du in so einem Fall nur beten.“ Sollten sich die Verluste in der Alpwirtschaft häufen, könnte das gravierende Auswirkungen haben: Wenn ihre Tiere nicht sicher sind, werden Landwirte sie lieber drunten im Tal behalten. Sie sind schließlich ihr Kapital.

Eine Herde von über 100 Rindern wie am Einödsberg dürfte einen Wert von etwa 200.000 Euro haben. Patricks augenzwinkernde Selbstbezeichnung als „Weidemanager“ hat so gesehen durchaus einen realen Hintergrund. Managerqualitäten braucht er auch, um die Wirtschaftlichkeit der Alpe sicherzustellen. Auf vielen Allgäuer Alpen zahlen die Landwirte dem Hirten nur noch einen geringen Betrag für seine Arbeit, zum Beispiel 20 bis 50 Euro pro Rind und Sommer. Viel wichtiger sind für einen Alppächter wie Patrick staatliche Fördermittel und EU-Subventionen. Dazu zählen Ausgleichszahlungen für „benachteiligte Gebiete“ (bis zu 200 Euro pro Hektar und Jahr), Kulturlandschaftsprogramm, Betriebsprämie und Investitionsbeihilfen.

Klingt furchtbar bürokratisch – und das ist es in der Regel auch. „Man muss schon genau aufpassen, um den Überblick zu behalten“, erzählt Patrick. Klagen will er freilich nicht. Denn auch er weiß: Ohne Subventionen würde sich die Alpwirtschaft heute nicht mehr rechnen. Und ohne Steuerberater wäre Patrick im Paragrafen-Dschungel aufgeschmissen. „Das ist bitter. Aber es ist so.“ Gewissen Veränderungen kann sich eben auch die Alpwirtschaft nicht entziehen.

Auch die Öffentlichkeit schaut genau hin: Massiven Ärger handelt sich während des Sommers eine Alpgenossenschaft in Oberstdorf ein, die einen Wildbach im Rappenalptal begradigt. Die Bauarbeiten sind Thema vor einem Augsburger Gericht und im Bayerischen Landtag. Die zuständige Alpgenossenschaft weist die Schuld von sich und verweist auf einen Aktenvermerk der zuständigen Behörden. „Wer da was verbockt hat, klären hoffentlich so schnell wie möglich die Richter“, sagt Patrick als unbeteiligter Beobachter. Er hofft darauf, dass bald wieder Ruhe einkehrt und die Schäden behoben werden.

Festlich geschmückt kommen die Kranzrinder beim traditionellen Viehscheid in Oberstdorf ins Tal. Foto: Ralf Lienert

11. Kranzrind-Blues

Brüni bockt. Aus dem süßen Kälble ist im Lauf des Sommers ein junges Rind mit einem eigenen Sturkopf geworden. Sie hat an Masse gewonnen und lässt sich von den anderen Herdentieren nicht mehr so leicht etwas vormachen. Mit Beginn der ersten Septemberwoche macht sich in der Herde Unruhe breit. Auch bei der sonst so fröhlichen Brüni. Ein untrügliches Zeichen dafür, dass der Sommer schwindet und der Herbst seine Vorboten schickt. Die Weiden stehen nicht mehr voll im Saft. Die Nächte werden kälter und ungemütlich. Mensch und Tier sehnen die Heimkehr herbei.

Das Arbeitskarussell auf der Einödsberg-Alpe dreht sich jetzt schon seit fast 100 Tagen. 35 davon haben Patrick und Kleinhirtin Paula auf der spartanischen Grathütte verbracht, auf der es noch nicht mal eine Dusche gibt. Inzwischen haben sie ihren Platz auf einer der höchsten Alphütten in Deutschland verlassen und sind mit dem Vieh ins weiter unten gelegene Basislager auf der Hinteren Einödsberg-Alpe gezogen.

Dort gibt es für die beiden endlich wieder Warmwasser, Strom, einen noch immer gut gefüllten Vorratskeller und reichlich Platz am Stubentisch, an dem die nächsten Schritte geplant werden. Mit jedem Tag rückt der Viehscheid näher.

Oder heißt es die Viehscheid? Nun, darüber sind sich die Allgäuer selbst nicht ganz einig. Bei der Verwendung von Artikeln gibt es gewisse Eigenheiten in der Region. In manchen Familien schwört man zum Beispiel, dass es der Semmel, der Butter oder der Sieb heißt …

Beim Thema Viehscheid ist die Lage ähnlich kompliziert. In Pfronten im Ostallgäu wird traditionell die Viehscheid veranstaltet. Im restlichen Allgäu dagegen wird der Viehscheid gefeiert. Warum es diesen Unterschied bei der Artikel-Wahl gibt? Keiner weiß es. Oder wie man im Allgäu in solchen Fällen achselzuckend sagt: „Isch halt so."

Wer als Besucher bei einem Alpabtrieb nicht auffallen will, verlässt sich am besten auf ein genuscheltes „d'Viehscheid". Damit fällt man garantiert nirgends auf. Trotz der Vorfreude auf den Abschluss der Alpsaison schwingt bei Patrick und Paula vor dem Viehscheid auch Wehmut mit. Die Freiheit im Berg, die Nähe zu Natur und Vieh werden ihnen unten im Tal fehlen. Wie die meisten Älpler im Allgäu organisiert Patrick seinen Alpabtrieb in Absprache mit den Bauern selbst. Er ist also nicht eingebunden in den großen Viehscheid in Oberstdorf, der traditionell am 13. September stattfindet und der zu den bekanntesten in Deutschland gehört:

Dunkler Schellenklang kündigt am Vormittag von weit her die erste Herde an und versetzt Tausende Menschen in Aufruhr, die dicht gedrängt an Wegen und Gassen stehen. Vorne läuft ein festlich geschmücktes Kranzrind, eingerahmt von Älplern und Älplerinnen in Tracht, gefolgt von der Herde, deren Tiere an diesem Festtag große Zugschellen um den Hals tragen. Um die 60.000 Touristen ziehen die Viehscheid-Feste im Allgäu jährlich an. In über 30 Orten der Region sowie im angrenzenden Tannheimer Tal und im Kleinwalsertal auf österreichischer Seite wird die Alp-Rückkehr auf diese Weise begangen. Die Tiere werden an einem zentralen Platz „geschieden", also von der Herde getrennt, und ihren jeweiligen Besitzern übergeben. Die Wurzeln dieses Brauchtums sollen in Oberstdorf bis ins Jahr 1059 n. Chr. zurückgehen.

Soweit die nüchternen Fakten. Doch nüchtern geht es beim Viehscheid, zu dem oft Musik, Festzelt und Partystimmung gehören, längst nicht immer zu. Und nüchtern betrachtet, wie zu früheren Zeiten, als der Viehscheid ganz selbstverständlich seinen Platz im Kalender hatte, wird er offenbar auch nicht mehr überall. Im Westallgäuer Ort Maierhöfen jedenfalls hat sich eine emotionale Debatte entzündet. Patrick erfährt davon übers Handy: Nach Hassbriefen („Tiermörder, Tierquälerei") und Morddrohungen sagen die Organisatoren ihren traditionellen Alpabtrieb dort sogar ab. Ein Novum in der Allgäuer Viehscheid-Geschichte, das nach ersten Berichten in der Allgäuer Zeitung bundesweit für Schlagzeilen sorgt.

Die Bild-Zeitung schreibt: „Öko-Posse: ‚Tierschützer stoppen unseren Alm-Abtrieb.'" Tatsächlich stellt die Alp-Rückkehr in Maierhöfen eine Besonderheit dar: 32 Kilometer legen Mensch und Tier vom Hochgrat ins Tal zurück. Der mit Abstand längste Viehscheid-Weg im Allgäu. Ein anonymer Mitarbeiter der Klinik für Wiederkäuer sagt dem Bericht zufolge: „Es ist eine ruppige Tradition."

Der Alpmeister der Weidegenossenschaft kündigt an, die Rinder künftig in Eigenregie der Landwirte mit Lastern ins Tal zu transportieren. Ein Bruch mit der Tradition, den viele bedauern.

Für das Tierwohl sei immer gesorgt gewesen, auch dank ausreichender Pausen auf dem Weg, wie Einheimische berichten. Auch in anderen Orten gibt es Diskussionen rund um den Viehscheid. Die Nachrichtenagentur dpa überschreibt einen Artikel zum Thema sogar mit der Frage: „Stirbt der Almabtrieb aus?“ Patrick versucht, in dieser aufgeheizten Stimmung kühlen Kopf zu bewahren. „Solange es Alpwirtschaft gibt, wird es Viehscheide geben“, lautet seine Prognose. Allerdings wünscht er sich eine Rückkehr zu den Wurzeln. Statt um Tourismus-Spektakel, Instagram-Fotos und Wiesn-Feeling solle es wieder stärker um das Brauchtum gehen. Und genau daran wird an mehreren Orten gearbeitet: Die Viehscheide fallen dort in diesem Jahr teils kleiner aus oder es wird Neues ausprobiert.

Zum Beispiel, dass die Tiere nach ihrer Ankunft im Ort an verschiedenen Stellen verladen werden. Das soll den Ablauf entzerren und Herden, Hirten und Bauern mehr Ruhe garantieren. Richtig so, findet Patrick. „Diese ganze Show, dieses Tamtam, braucht kein Mensch. Für uns Älpler sollte nur eins zählen: dass es dem Vieh im Berg gut ging, dass wir alle Tiere heil nach Hause bringen.“

Einem alten Brauch folgend, signalisiert ein festlich geschmücktes Kranzrind eine erfolgreiche Alpsaison, die alle Tiere ohne Verletzungen oder Abstürze überstanden. Der Kopfschmuck stellt ein wahres Kunstwerk dar. Auch auf der Einödsberg-Alpe, wo Anna-Lena, eine Freundin von Patrick, für gewöhnlich die Arrangements übernimmt. Das Kranzbinden hat sie von der bekannten Oberstdorfer Binderin Rosemarie Schöll erlernt.

Mit geschickten Handbewegungen lassen Frauen und Kinder vor dem Viehscheid überall im Allgäu in stundenlanger Kleinarbeit graue Metallstreben unter Blättern und Ästen verschwinden. Tannenzweige, Erika, Wacholder, Silberdisteln, Alpenrosen oder andere Bergblumen werden mit Draht am Metallgestell festgebunden. Manchmal sind kleine Spiegel eingeflochten, die der Abwehr von bösen Geistern dienen sollen. Meist jedoch ziert den Kranz ein Kreuz, womit um göttlichen

Beistand gebeten wird. Überhaupt ist die Alpwirtschaft tief verbunden mit religiösem, überwiegend katholischem Glauben. So wird Sankt Wendelin als Schutzheiliger der Hirten und Herden verehrt. Auch der Allgäuer Schutzpatron Magnus, der als Missionar der Region gilt, soll für das Vieh zuständig sein.

Im Allgäu sagten die Bauern früher „Habe“ zu ihren Rindern. Eine Beschreibung, die den existenziellen Wert einer gesunden Herde betont. Die enge Beziehung zu Tier und Glauben spiegelt sich in Votivtafeln in der Frauenkirche von Fischen im Oberallgäu wider. Bei glimpflich endenden Unfällen oder einer überraschenden Tier-Heilung dankten Bäuerinnen und Bauern der Muttergottes oder dem Heiligen Wendelin mit kleinformatigen Bildern für ein als gnadenhaft empfundenes Eingreifen in brenzligen Situationen.

Die starke Hinwendung von Bergbauern und Älplern zum Glauben hängt wohl auch mit dem Psalm 23 zusammen, einem der bekanntesten Texte der Bibel. Darin wird Gott mit einem Hirten verglichen, der sich fürsorglich um das Wohl seiner (Schafs)Herde kümmert:

„Der Herr ist mein Hirte,
mir wird nichts mangeln.
Er weidet mich auf einer grünen Aue
und führet mich zum frischen Wasser.
Er erquicket meine Seele.
Er führet mich auf rechter Straße
um seines Namens willen.
Und ob ich schon wanderte im finstern Tal,
fürchte ich kein Unglück;
denn du bist bei mir,
dein Stecken und Stab trösten mich (…)“

Auch Patrick gibt dieser Psalm Kraft. Speziell in Momenten, in denen es so gar nicht rund laufen möchte. So wie an diesem Mittwoch, dem 14. September. Eigentlich plante Patrick drei Tage später, also am Samstag, den Viehscheid der Einödsberg-Alpe. Doch mit einem Mal ist alles anders. Im Radio kündigen sie nach einem der wärmsten Sommer seit Beginn der Wetteraufzeichnung urplötzlich Schneefall an!

„Muss des jetzt au no sein", sagt Patrick und verdreht die Augen. Die Vorstellung, bei schlechter Sicht im Flockenwirbel mit einer aufgeregten Herde auf schneebedeckten oder gar vereisten Steilwegen hangabwärts zu schlittern, passt ihm so gar nicht ins Konzept. „Da gibt's nur eines: umplanen."

Jetzt muss alles schnell gehen. Die Tal-Ankunft wird um einen Tag nach vorne verschoben. Und Patrick ist ausnahmsweise einmal heilfroh darüber, dass sein Handy auch im Gebirge Empfang hat.

Nach einem Dutzend Telefonaten mit Bauern und Vieh-Transporteuren sowie ungezählten WhatsApp-Nachrichten mit den Viehtreibern im Tal steht fest. „Wir ziehen's jetzt am Freitag durch!" Inmitten der Hektik trifft Patrick endgültig eine weitere Entscheidung, die Paula schon erwartet hatte, obwohl sie es sich insgeheim anders gewünscht hätte: „Heuer gibt's kui Kranzrind!", ruft er und schlägt mit der flachen Hand auf den Tisch. Zu sehr kratzen die Vorfälle zu Beginn der Alpsaison an Patricks Ehre: Zwei Rinder mussten wegen einer Lungenentzündung zurück zu ihren Bauern gebracht werden. Eines davon verendete kurz darauf. „Ich hätte die Krankheit schon beim Anlegen der Schellen im Stall sehen müssen. Dann wäre das nicht passiert", macht er sich Vorwürfe. Obwohl das Tier bereits auf der Vorweide vor dem Alpauftrieb erkrankt war und somit das Gebirge gar nicht erreichte, kann sich Patrick nicht vorstellen, mit stolz geschwellter Brust und einem Kranzrind, das ja eine glücklich verlaufende Alpsaison symbolisiert, ins Tal zu marschieren. Für ihn wäre das Verrat an der Tradition – auch wenn damit eine Serie reißt: Sechs Mal in Folge führte ein Kranzrind die Einödsberg-Herde beim Viehscheid an. Diesmal müssen alle Beteiligten auf ein weiteres Kopfschmuck-Kunstwerk von Anna-Lena verzichten.

Dennoch wird die Rückkehr ein besonderer Moment werden. Dafür sorgen Patrick, Paula und ihre Helfer, die Treiber. Am Donnerstagmittag treffen sie sich unter großem „Griaß di" am Basislager. Rasch und routiniert wird die Herde zusammengetrieben. Ob die Tiere ahnen, wo die Reise hingeht? Die meisten scheinen sich über die Abwechslung zu freuen. Allen voran Brüni. Kaum ist das Weidegatter geöffnet, stürmt das neugierige Braunvieh-Rind herbei und reiht sich im vorderen Teil der Herde ein. „Die kann's wie immer kaum erwarten", sagt Patrick schmunzelnd. Mit ihrem Aussehen und ihrem unerschrockenen Charakter hat Brüni das Zeug dazu, in den nächsten Jahren zum Kranzrind auserkoren zu werden. Diese Ehre wird am Einödsberg traditionell dem schönsten unter den älteren Tieren zuteil. In diesem Jahr wäre die Verantwortung für Neuling Brüni noch zu groß gewesen. Doch für die Zukunft zählt die sympathische Braune für Patrick und Paula definitiv zu den Favoritinnen.

Nach einem reibungslosen Abtrieb von der Einödsberg-Alpe erreichen Treiber und Herde am späten Donnerstagnachmittag ihr Abendquartier: den Enge-Stadl auf dem Gebiet der Naturschutzstiftung Allgäuer Hochalpen. Alle sind erleichtert: Das Wetter hat gehalten; der für Samstag angekündigte Schneefall ging Gott sei Dank nicht verfrüht hernieder. Während das Vieh auf der Weide rastet, stoßen Patrick und seine Helfer in dem denkmalgeschützten Stadl an. Unterm

Strich war es ein wunderschöner Bergsommer. Und genau das wird gefeiert. Zwei Spezl mit Akkordeon und Bassgeige heizen den Helfern musikalisch ein. Es wird ein feucht-fröhlicher Abend mit jeder Menge Anekdoten und Gelächter, der aber unter dem Motto „Kontrolliertes Feiern“ steht. Denn am nächsten Morgen geht die Arbeit weiter. Eineinhalb Stunden beträgt der restliche Fußmarsch zum Scheidplatz.

Am Nachmittag vor der letzten Etappe haben die Tiere die imposanten Zugschellen um den Hals gehängt bekommen. Viehscheid-Touristen sprechen in diesem Zusammenhang verständlicherweise auch gern von „großen Kuhglocken“. Doch das ist ein weiteres Thema, bei dem die Allgäuer sehr eigen sind, was die Begriffe betrifft. „Eine Zugschelle ist keine Kuhglocke!“, stellen Gerhard und Lorenz Bertele klar. Die Brüder aus Blaichach-Bihlerdorf im Oberallgäu zählen zu den letzten Allgäuer Schmieden, die Zugschellen noch in mühevoller Handarbeit herstellen. „Eine Kuhglocke besteht aus gegossenem Metall“, erklären sie. „Eine Kuhschelle dagegen wird aus Metallblech geschmiedet.“ Durch das geringere Gewicht sei es möglich, die Schellen – speziell für den Viehscheid – größer herzustellen als Glocken.

Die Arbeit ist hart und schweißtreibend. Bis zu 30.000 (!) Hammerschläge sind für eine Viehscheid-Schelle nötig. Zuvor werden zwei Metallplatten ausgeschnitten und an der sogenannten Esse, der Feuerstelle eines Schmieds, auf Temperaturen von 1.200 Grad erhitzt. Verschiedene Bügel und der Klöppel, im Allgäu Kalle oder Hale genannt, müssen gebohrt und verschweißt werden. „Acht bis zehn Stunden Arbeit stecken pro Schelle drin“, sagt Gerhard Bertele. Der Effekt ist garantiert: Schöner die Schellen nie klingen als zur Viehscheid-Zeit, heißt es im Allgäu. Als Patricks Herde die letzten eineinhalb Kilometer unter großem Geläut in Angriff nimmt, macht sich Gänsehaut-Atmosphäre breit. Gespannt verfolgen die wartenden Bauern und ihr Anhang die Ankunft der Tiere, die sie seit über vier Monaten nicht mehr gesehen haben. Patrick, der an diesem Tag kurze Lederhosen mit Edelweißhosenträgern trägt, nähert sich dem alles entscheidenden Moment der Alpsaison.

Den ganzen Sommer über hat er mit Kleinhirtin Paula alles Erdenkliche für das Wohl der Tiere getan – doch das Urteil über ihre Arbeit fällen nun andere. Deshalb steigt bei beiden die Anspannung mit jedem Meter, den sie talwärts schreiten. Einen euphorischen Empfang erwarten sie nicht. Denn der würde so gar nicht zum Naturell der Allgäuer passen. „It gschimpft, isch globt gnua!" lautet eine vielzitierte regionale Weisheit. Nicht geschimpft, ist Lob genug. Das gilt auch in der Alpwirtschaft. Wobei es in diesem Metier noch einen weiteren Spruch gibt.

Wenn die Talbauern beim Blick auf gesunde und wohlgenährte Tiere zufrieden sind, würdigen sie die Älpler-Arbeit mit den Worten: „Des Johr sind's wieder gut beinand." Genau diesen Satz bekommt Patrick an jenem Freitag, dem 16. September, mehrmals zu hören. Mit einem erleichterten Lächeln hilft er beim Verladen der Tiere, die nun zurück auf die jeweiligen Höfe verfrachtet werden.

Als der letzte Viehwagen verschwindet, winkt er gedankenversunken hinterher. Das Einzige, was ihm von der Herde zurückbleibt, ist ein Berg voll abgehängter Zugschellen im Gras.

Einerseits wird Patrick genau in diesem Augenblick eine große Verantwortung los. Andererseits fehlen ihm Brüni & Co. schon jetzt. „Nach einem Alpsommer mit allen Höhen und Tiefen fällt man leicht in ein Loch", bringt er seine Empfindungen auf den Punkt. Was ihm in diesem Moment hilft?

„Der Gedanke an meine eigenen Tiere!" Kurios: Der Nebenerwerbslandwirt hat seine eigenen Kälber (Kemptner Hütte) und Rinder (Taufersalpe) im Sommer in fremde Hände gegeben. Und das ganz bewusst. „Wenn ich sie ein paar Monate nicht seh, freu ich mich umso mehr, wenn sie wieder da sind", sagt Patrick.

Seine 24 Schafe hat er dagegen schon ein paar Tage zuvor vom Einödsberg ins Tal getrieben und im heimischen Stall untergebracht. Und auch die sechs Hühner sind in guten Händen: Sie übergab er nach dem Alpsommer an einen befreundeten Landwirt. Es ist also alles geschafft und verräumt! Zufrieden steigt Patrick ins Auto und fährt nach Hause – zurück in sein normales Leben. Er freut sich auf eine warme Dusche, sein eigenes Bett und darauf, nach einem langen Alpsommer endlich einmal ausschlafen zu können.

Der nächste Morgen bringt ihm Gewissheit: Die Entscheidung, den Viehscheid einen Tag vorzuziehen, entpuppt sich als richtig. In den Allgäuer Bergen hat es über Nacht tatsächlich geschneit. Bis zu 50 Zentimetern Schnee liegen auf den Gipfeln. Nicht auszudenken, wie der Alpabtrieb unter diesen Umständen verlaufen wäre.

12. „Pfiat di“

Die Zeit im Berg ist mit dem Viehscheid nun offiziell vorbei. Noch einige Male marschiert er nach oben, um die Hütten winterfest zu machen. Er putzt die Böden, entleert alles Wasser aus den Hähnen, schließt die Fensterläden, die südseitig sogar verschraubt werden, und packt sein Hab und Gut zusammen, um es mit dem Rucksack ins Tal zu tragen. Ein anderes Mal kontrolliert er den Haag, verteilt übriggebliebenen Mist auf den Wiesen und montiert die Solarplatten ab, damit sie sicher sind vor Schneelast, Eis und Sturm. Mitte November sind auch die letzten Arbeiten auf der Hinteren Einödsberg-Alpe abgeschlossen. Patrick steckt den Schlüssel von außen ins Schloss und sperrt die liebgewonnene Hütte ab. „Pfiat di. Mach's gut, altes Haus“, sagt er und bekämpft den Abschiedsschmerz mit einem Lächeln: „Wir sehen uns ja bald wieder.“ Dann dreht er sich um und stapft davon.

Zufrieden und mit sich und mit der Welt im Einklang. Solange Menschen Fleisch, Wurst und Käse essen, sagt Patrick, gebe es nichts Besseres als die Alpwirtschaft. Für das Wohl der Tiere, die Allgäuer Kulturlandschaft und nicht zuletzt für alle Ausflügler und Touristen, die sich daran erfreuen. Und genau deshalb will er am Einödsberg bleiben: Weil es für ihn nichts Besseres gibt. Schon jetzt sehnt der Allgäuer Älpler das Ende des Winters herbei: Wenn der Schnee schmilzt und die Grashänge wieder in zartem Grün schimmern, wird er mit der Vorbereitung auf den neuen Alpsommer beginnen.

Dann geht es endlich wieder nüüf.

Älpler Patrick will dem Einödsberg auch in der Zukunft treu bleiben. Foto: Jürgen Gschwender

Danke

Die Bergschuhe stehen wieder im Keller, die Gedanken sind noch immer auf der Alp: Einen Sommer lang durfte ich Patrick sooft es ging in seinem Alltag auf der Einödsberg-Alpe begleiten und seine Geschichte aufschreiben. Mir hat diese Zeit viel gegeben. Obendrein habe ich manches über meine Allgäuer Heimat erfahren, was mir vorher so nicht bewusst war. Zum Beispiel, dass die Berglandschaft, wie wir sie heute kennen und lieben, über viele Jahrhunderte von Alphirten und Alphirtinnen geprägt wurde.

Doch nicht nur im Erscheinungsbild der Landschaft hinterließen Alpwirtschaft und kleinbäuerliche Strukturen ihre Spuren, sondern auch in der Mentalität der Menschen im Allgäu. „Der Allgäuer ist ein Mächler. Wenn er ein Problem hat, will er es selbst lösen. Vor allem in technischen Dingen hat er eine zielführende Neugierde. Kein Wunder: Auf einem Einödshof war er gezwungen, so viel wie möglich selbst zu bewältigen. Der Allgäuer ist eher zurückhaltend, lässt sich aber von der Obrigkeit wenig bieten. Er kann stur sein, aber auch gelassen. Das gilt übrigens für Männer genauso wie für Frauen.“ Diese treffende Beschreibung stammt von Karl Milz, dem Vorsitzenden des Heimatbundes Allgäu. Dass die Allgäuer darüber hinaus über einen trockenen Humor verfügen, haben Älpler Patrick und Kleinhirtin Paula im Laufe unserer gemeinsamen Zeit immer wieder bewiesen.

Herzlich bedanken möchte ich mich bei allen Personen, die ich im Zuge dieses Buches befragen und begleiten durfte. Ihre Erinnerungen, Meinungen und Einschätzungen waren für mich von großem Wert. Familie, Freunde, Kolleginnen und Kollegen sowie Vertreter von Institutionen und viele andere unterstützten mich mit vielen Tipps bei der Recherche, während des Schreibens und bei der Fertigstellung. Besonderer Dank gilt dem Allgäuer Zeitungsverlag, der AZ Druck und Datentechnik, der Fritz und Brunhilde Englisch Stiftung, dem Förderverein mundART Allgäu e.V., den Fotografen sowie der Naturschutzstiftung Allgäuer Hochalpen, ohne deren Zustimmung und Zutun das Buchprojekt nicht möglich gewesen wäre.

Auch ohne meine Familie wäre es nicht gegangen. Lieben Dank – vor allem an meine Frau Anne-Sophie – für all die Aufmunterung und das Verständnis, wenn es nach Feierabend und an den Wochenenden mal wieder länger dauerte …

Glossar:

Allgäu: Bekannte Region im Süden Bayerns, die jährlich um die vier Millionen Touristen anzieht. Das Allgäu hat keine exakt definierten Grenzen. Zugerechnet werden: Oberallgäu, Unterallgäu, Ostallgäu, der Landkreis Lindau, Kaufbeuren, Kempten, Memmingen sowie Ausläufer in Baden-Württemberg. Teils werden in der Literatur auch Kleinwalsertal oder Jungholz in Österreich als zugehörig genannt. Laut Allgäu GmbH leben über 800.000 Menschen in der Region. Sie eint vor allem eines: das Lebensgefühl.

Allgäu, Namensursprung: Als Merkformel für den Namen gilt: Allgäu = Alp-ge-äu = bergige Auenlandschaft. Konkret bedeutet das laut Heimatbund Allgäu: Die erste Silbe „All" kommt von den Alpen, von den Bergen. Das „Ge" ist das Gleiche wie in „Ge-birge". Viele Berge zusammen ergeben ein Gebirge, viele Auen ein „Geäu".

Allgäuer Dialekt: *Den* Allgäuer Dialekt gibt es nicht. Bestimmte Ausdrucksweisen und Redeformen variieren teils von Dorf zu Dorf. Und davon gibt es im Allgäu einige.

Allgäuer Emmentaler: Bekannter Hartkäse aus unbehandelter Kuhmilch aus dem Allgäu. Seinen Namen hat der Emmentaler vom Tal der Emme in der Schweiz. Von dort, aus dem Schweizer Kanton Bern, soll das Rezept ins Allgäu gekommen sein.

Allgäu GmbH: Offizielle Dachorganisation für Tourismus, Marke und Standort mit Sitz in Kempten.

Alpe/Alm: Zwei Begriffe, gleiche Bedeutung: eine Viehweide in den Bergen, die nur im Sommer bewirtschaftet wird. Im Allgäu und der Schweiz heißt sie Alpe. Denn: Im alemannischen Siedlungsraum stand das Wort Alp früher für Bergweide. In Oberbayern oder im Tiroler Dialekt hat sich dagegen das Wort Alm durchgesetzt.

Älteste Alpe im Allgäu: „Erst für das Jahr 1173 ist im Allgäu in den Traditionen des Klosters Isny mit der ‚pascula in alpibus Gerichinwang', also der Weide in Alpen namens G., heute Gelchenwang, eindeutig eine Alpe ausdrücklich als solche benannt", schreibt Flurnamensforscher Thaddäus Steiner in „Allgäuer Alpnamen". Sie liegt am Hochgrat in Oberstaufen. Steiner zufolge lässt sich jedoch eine alpwirtschaftliche Nutzung in den Allgäuer Alpen vor dem Jahr 1000 „ohne weiteres annehmen." Im benachbarten Vorarlberg (Österreich) werden bereits in einer Urkunde aus dem Jahr 883 die beiden Alpen „Suniu und Caviu", also Süns und Gävis, bezeugt.

Alpfahrt/Alpauftrieb: Transport oder Treiben der Tiere auf die Alm bzw. Alpe.

Alpkäse: Auf der Alpe/Alm erzeugter Käse.

Almabtrieb/Alpabtrieb = Viehscheid. Rückkehr der Tiere von den Almen bzw. Alpen. Im Allgäu meist mit Festen verbunden.

Alpsaison: Zeitraum, in dem eine Alpe im Sommer Vieh auf den Weiden hat. Die talnahen Landalpen (800 bis 1.000 Meter hoch gelegen) werden bis Ende Mai bezogen. Auf den Mittelalpen (1.000 bis 1.400 Meter) beginnt der Alpsommer meist ab Juni. Die darüber liegenden Hochalpen, zu denen die Einödsberg-Alpe gehört, starten ebenfalls ab Juni. Die Rückkehr von den Alpen erfolgt im Allgäu in der Regel von Anfang bis Mitte September.

Alpwirtschaftlicher Verein Allgäu: Vereinigung mit etwa 1.800 Mitgliedern, die 1925 in Immenstadt gegründet wurde. Selbsternannter Zweck: die Interessen der Allgäuer Alpwirtschaft zu vertreten und durch die Alpwirtschaft die Kulturlandschaft im Allgäuer Alpengebiet zu erhalten, zu pflegen und zu gestalten. Mitglieder sind Älpler, Hirten, Genossen, Eigentümer, Pächter, Gebietsvertreter und Freunde der Alpwirtschaft.

Bergbauernmuseum: Das Allgäuer Bergbauernmuseum in Diepolz im Oberallgäu ist ein beliebtes Ausflugsziel. Das Freiluftmuseum liegt auf über 1.000 Metern. In den Gebäuden wird anschaulich das Leben der Allgäuer Bergbauern dokumentiert. Viele Mitmach-Stationen begeistern Kinder und Erwachsene gleichermaßen.

Braunvieh: Eine Rasse des Hausrinds, die im Allgäu noch stark verbreitet ist, wenngleich ihr Bestand abnimmt. In der Regel handelt es sich im Allgäu um Brown Swiss. Diese Rasse entstand durch die Wieder-Einkreuzung von Braunvieh-Zuchtlinien aus Amerika. Dabei handelte es sich um Nachkommen von Braunviehtieren, die von Auswanderern nach Amerika gebracht worden waren. Über Generationen hinweg hatten sie sich in Amerika weiterentwickelt.

Breitengehren Alpe: Bewirtschaftete Sennalpe auf dem Gebiet der Naturschutzstiftung Allgäuer Hochalpen. 1.151 Meter hoch gelegen.

Buchrainer Alpe: Bewirtschaftete Sennalpe auf 1.129 Metern Höhe auf dem Gebiet der Naturschutzstiftung Allgäuer Hochalpen. Im Sommer beliebtes Ausflugsziel für Familien.

Bulle oder Stier: Ein männliches Rind, das älter als sieben Monate ist.

Einödsberg: 1.589 Meter hoch gelegener Berg im Himmelschrofenzug oberhalb des Oberstdorfer Stillachtals. Als Einöde wird eine einsame Gegend beschrieben.

Einödsberg-Alpe: Historisch bedeutsames Weidegebiet, etwa drei bis vier Stunden Laufweg vom Oberstdorfer Ortszentrum entfernt. Die Einödsberg-Alpe verfügt über die vermutlich älteste Alpordnung im Allgäu aus dem Jahr 1482. Die zur Alpe gehörenden Bergwiesen erstrecken sich weit über den Einödsberg hinaus. Ihren höchsten Punkt erreichen sie auf knapp 2.000 Metern am Spätengundkopf.

Einödsberg-Alpe, Hütten: Zu den Hütten auf dem Gebiet der Einödsberg-Alpe gehören das Basislager auf 1.555 Metern Höhe (offiziell Hinterer Einödsberg genannt) sowie die Grathütte (Vorderer Einödsberg), die auf 1950 Metern Höhe am Steilhang des Schmalhorns liegt.

Galtalpe: Alpe mit weiblichen Jungrindern, die noch keine Milch geben. Zum Beispiel die Einödsberg-Alpe.

Galtvieh: Jungrinder, die noch keine Milch geben. Der Begriff „galt“ stammt aus dem Mittelhochdeutschen und bedeutet „trocken“.

Gmoinds-Molla: Allgäuer Bezeichnung für „Gemeinde-Stier“. Vor der Einführung der künstlichen Tier-Besamung standen nicht auf jedem Hof Bullen zur Verfügung. Darum brachten Bauern ihre Kühe zum Decken auf Betriebe, die hochwertige Zuchtbullen hatten. Heute scherzhaft verwendete Bezeichnung für einen Dorfschönling, dem Affären nachgesagt werden.

Haag: Zaun.

Heimatbund Allgäu: Gemeinnütziger Dachverband der Vereine, die im Allgäu und in Teilen von Mittelschwaben Heimatpflege betreiben. Dazu gehören beispielsweise Heimatforschung sowie Denkmal- und Brauchtumspflege. Der Heimatbund hat über 8.000 Mitglieder.

Heimatmuseum Oberstdorf: Auf über 700 Quadratmetern wird die Geschichte spannend gezeigt. Die Alp- sowie die Landwirtschaft gehören in besonderem Maße dazu.

Huigarte/Hoigarte: Bedeutet im Allgäuer Dialekt, sich für einen gemütlichen Ratsch treffen bzw. einen Ratsch halten.

Jungrind: Vom siebten bis zum zwölften Monat spricht man von einem Jungrind. Dabei ist es egal, welches Geschlecht das Tier hat. Meistens wird der Begriff Jungrind indes verwendet, wenn von einem weiblichen Tier die Rede ist.

Kässpatzen: Allgäuer Nationalgericht. Von Kässpatzen zehrte früher auch die ärmere Landbevölkerung. Jede Allgäuer Familie hat ihr eigenes Rezept. Für viele sind die großzügige Verwendung von Bergkäse und Weißlacker entscheidend für einen guten Geschmack.

Kalb: Von der Geburt bis zu einem Alter von sieben Monaten wird ein neugeborenes Rind Kalb genannt. Im Allgäu sagt man auch Kälble.

Kuh: Eine Kuh ist ein weibliches Rind, das ein Kalb bekommen hat. Erst nach dem ersten Kalb gibt eine Kuh Milch.

Kuhglocke: Eine Kuhglocke besteht aus gegossenem Metall.

Kuhschelle: Eine Kuhschelle wird aus Metallblech geschmiedet. Kleinere Schellen werden von Rindern und Kühen auf den Weiden getragen. Die großen Zugschellen sind speziell für den Viehscheid angefertigt.

Kranzrind: Allgäuer Begriff für ein festlich geschmücktes Rind, das beim Viehscheid vor der Herde läuft. Das Kranzrind zeigt an, dass der Alpsommer für den Hirten erfolgreich war und es keine Unfälle auf der Alpe gab.

Lichtweide: Weitgehend baumfreie Weidefläche.

Mächlar/Mächler: Allgäuer Begriff für einen geschickten Menschen, Macher, Bastler, Tüftler oder Erfinder.

Molla: Allgäuer Begriff für Stier/Ochse.

Mutterkuh: Ein weibliches Rind, das nicht zur Milchproduktion gehalten wird, sondern sein Kalb aufzieht. Die Milch der Mutterkuh wird also ausschließlich für die Ernährung des

Jungtiers verwendet. Die Jungtiere werden später entweder geschlachtet oder zur Weiterzucht verkauft.

Naturschutzstiftung Allgäuer Hochalpen: 2006 vom Unternehmer Manfred Kurrle eingerichtete gemeinnützige Stiftung. Sie ist ausgestattet mit umfangreichem Grundbesitz im Bereich der ehemaligen Prinzregentenjagd bei Oberstdorf. Zweck der Stiftung ist die Förderung des Naturschutzes, der Landschaftspflege sowie des heimischen Brauchtums, bevorzugt im Gebiet der Allgäuer Hochalpen.

Nüüf: Oberstdorfer Dialektwort für hinauf, teils auch „nüf“ geschrieben.

Ochse: Kastriertes männliches Rind.

Original Allgäuer Braunvieh: Eine uralte Nutztierrasse, die früher im Allgäu stark verbreitet war. Heute gibt es in der Region nur noch 600 Stück. Vor rund 50 Jahren wäre sie fast ausgestorben.

Pensionsvieh: Vieh, das von einem anderen Betrieb stammt und den Sommer über zu Gast auf einer Alpe ist.

Petersalpe: Bewirtschaftete Sennalpe auf dem Gebiet der Naturschutzstiftung Allgäuer Hochalpen im Rappenalptal. 1.296 Meter hoch gelegen.

Rind: Oberbegriff für weibliche und männliche Nutztiere, die zur Familie der Hornträger gehören. Merke: Jede Kuh ist ein Rind, aber nicht jedes Rind eine Kuh.

Reaf: Auf dem Rücken befestigtes Tragegestell.

Senn: Berufskäser, der die Milchwirtschaft auf einer Alpe im Sommer führt. Ein Senn ist in der Regel Pächter einer Alpe oder Angestellter einer Weidegenossenschaft. Zu seinem Hilfspersonal gehörten und gehören teils noch immer Untersenn, Zusenn, Hirten oder Melker.

Sennalpe/-alm: Eine Alpe, auf der Kühe gemolken und Käse hergestellt wird.

Schwenden: Beseitigen von verholzten Pflanzen wie Grünerle, um grasiges Weidegebiet zu erhalten oder wiederzugewinnen. Zum Beispiel durch Ausreißen, Abschneiden und/oder Abbrennen.

Schump: Allgäuer Bezeichnung für Jungrind. Mehrzahl: Schumpen oder Schumpa.

Sömmerung: Weidegang von Nutztieren auf einer Alpe/Alm während der Sommermonate.

Viehscheid: Rückkehr der Tiere ins Tal. Im Allgäu meist mit Festen verbunden.

So lebten die ersten Bewohner in den Allgäuer Bergen

Wie lebten die ersten Menschen in den Allgäuer Bergen? Ein Zufallsfund im Jahre 1998 brachte überraschende Fakten ans Licht. Bei einer Wanderung am Hohen Ifen fiel Detlef Willand, Autor und Künstler aus dem Kleinwalsertal, ein Felsüberhang nahe der Schneiderküren Alpe in gut 1.500 Metern Höhe auf. „Sieht aus wie ein idealer Biwakplatz“, dachte er. Willand suchte die Erde unter dem Felsdach ab. Prompt stieß er auf Abschläge von Feuersteinen.

Eine Entdeckung, die für Furore sorgte. Willand zeigte die Funde Prof. Walter Leitner vom Institut für Ur- und Frühgeschichte an der Universität Innsbruck. Der Experte ist sicher: Sie stammen aus der Steinzeit! Jahrelange Ausgrabungen an der Schneiderküren-Alpe sowie in Egg und im Gemsteltal folgten. Sämtliche Funde – davon allein 400 Geräte – lassen eine Vorstellung vom Leben der Ureinwohner zu. Mit dem inzwischen emeritierten Prof. Leitner habe ich wichtige Erkenntnisse zusammengefasst:

Wann lebten die ersten Menschen in den Allgäuer Bergen?

Vor etwa 9.000 Jahren in der mittleren Steinzeit. Zu diesem Schluss kommen die Forscher nach aufwendigen Untersuchungen der Funde im Walsertal. Zum Vergleich: „Ötzi“, die weltbekannte Mumie aus dem Ötztal, ist „nur“ 5.300 Jahre alt.

Wie sahen die Steinzeitmenschen aus?

„Sie gehörten der Spezies Homo Sapiens an, also unserem heutigen Menschentypus entsprechend“, sagt Leitner. Sie liefen aufrecht, trugen Fell- und Lederbekleidung, entfachten

Feuer, fertigten Waffen, jagten im Verbund. Allerdings waren sie im Schnitt etwas kleiner als die Menschen heute, vermutlich zwischen 1,50 und 1,60 Meter groß.

Warum kamen sie in die Allgäuer Berge?

Zwei Gründe dürften dabei eine Rolle gespielt haben. Zum einen lockte die Jagd in die Höhenlagen: Oberhalb der Baumgrenze hatten Tiere wenig Versteckmöglichkeiten. Sie konnten also gut beobachtet und angegriffen werden. Darüber hinaus entdeckten die Steinzeitmenschen an Hängen des Gemsteltals das wohl wichtigste Gut der damaligen Zeit: Feuerstein. Sie schlugen große Brocken aus dem Hang, die später zu Geräten verarbeitet wurden oder durch Funkenschlagen zur Entfachung von Feuer dienten.

Wo lebten die Steinzeitmenschen im Allgäu?

Der Felsüberhang an der Schneiderküren-Alpe diente wohl einer Gruppe von einem halben Dutzend Jägern als Sommerlager. Von dort schwärmten sie zu mehrtägigen Streifzügen aus. Die Beute wurde im Lager gehäutet, das Fell verarbeitet, das Fleisch zu Vorräten getrocknet. Im Winter zog es die Jäger ins Tal. Darauf lassen Funde in Egg bei Hirschegg (1.122 Meter hoch gelegen) schließen. „Dort gab es vermutlich eine kleine Ansiedlung“, erklärt Leitner. Die Urbewohner der Allgäuer Berge müssen hart im Nehmen gewesen sein: Temperaturen unter minus 20 Grad waren im Winter keine Seltenheit.

Wovon ernährten sich die Allgäuer Ureinwohner?

„Sie brauchten auf jeden Fall viel Eiweiß in Form von Fleisch. Nur Beeren und Obst reichten nicht aus“, sagt Leitner. Mit Pfeil und Bogen wurden Rothirsche, Gamswild und Steinböcke erlegt.

Wer waren ihre Feinde?

Vor Bären, Wölfen oder Auerochsen und Wisenten mussten sich die mittelsteinzeitlichen Jäger in Acht nehmen. Vorstellbar ist auch, dass es rund um das Sommerlager nahe der heutigen Schneiderküren-Alpe auch zu feindlichen Auseinandersetzungen unterschiedlicher Jägergruppen kam.

Der begehrte Platz diente – so die Erkenntnisse der Forscher – über mehrere Tausend Jahre hinweg zig Generationen von Jägern als Unterkunft. Übrigens: Mammuts brauchten die Steinzeitmenschen nicht (mehr) zu fürchten. Die waren etwa 10.000 v. Chr. in den Alpen ausgestorben. Welche Waffen und Fertigkeiten besaßen die Menschen damals?

Aus Feuerstein wurden Klingen, Schaber, Bohrer, Kratzer sowie Pfeil- und Speerspitzen gefertigt. Zum Zerlegen der Beute und zum Präparieren des Fells benötigten sie scharfe (Stein-)Messer und Schaber. Ab der Bronzezeit (2.200 bis 800 v. Chr.) sind Hirten mit Weidetieren wie Schafen und Ziegen durch die Allgäuer Berge gestreift – die Ur-Ur-Ur-Ahnen der heutigen Älpler sozusagen.

Sind weitere Funde möglich?

Mehrere Einzelfunde in den Tälern rund um Oberstdorf weisen darauf hin. „Es ist möglich, dass eines Tages in den Allgäuer Bergen weitere Funde gemacht werden, die noch älter sind als jene nahe der Schneiderküren-Alpe“, sagt Prof. Leitner.

(Quelle: Allgäuer Zeitung)

Zehn Goldene Regeln im Umgang mit Weidetieren für Wanderer und Ausflügler:

- Kontakt zum Weidevieh vermeiden.
  Die Tiere nicht füttern.
- Ruhig verhalten. Die Weidetiere nicht erschrecken.
- Achtung vor Mutterkühen. Sie beschützen ihre Kälber. Begegnungen, insbesondere mit Hunden, vermeiden.
- Hunde an der kurzen Leine führen. Ist ein Angriff durch ein Weidetier zu erwarten: Sofort ableinen!
- Wanderwege auf Almen und Weiden nicht verlassen.
- Wenn Weidevieh den Weg versperrt, mit großem Abstand umgehen.
- Bei Herannahen von Weidevieh: Ruhig bleiben, nicht den Rücken zukehren, ausweichen.
- Bei ersten Anzeichen von Unruhe der Tiere: Weidefläche zügig verlassen.
- Zäune beachten! Falls es ein Tor gibt, darf es benutzt werden. Danach Tor unbedingt schließen und Weide zügig überqueren.
- Begegnen Sie den dort arbeitenden Menschen, der Natur und den Tieren mit Respekt.

(Quelle: „Aktionsplan sichere Almen“ Österreich)

Manfred Kurrle, Gründer der Naturschutzstiftung Allgäuer Hochalpen, im Gespräch mit Älpler Patrick. Foto: Ralf Lienert

Vielen Dank an die Fotografen:

Jürgen Gschwender
www.gschwender-photo.de
Ralf Lienert
Henry M. Linder
www.henry-m-linder.de
Jasmin Pommer
Naturschutzstiftung Allgäuer Hochalpen
www.natur-schutz-stiftung.de

Tobias Schuhwerk · In der Brandstatt 4 · 87435 Kempten · tobias-schuhwerk@gmx.de